广州市生态环境状况评估研究

刘谓承　刘香华　张音波　王秀明　等/著

中国环境出版集团·北京

图书在版编目（CIP）数据

广州市生态环境状况评估研究/刘谞承等著．—北京：中国环境出版集团，2022.7
ISBN 978-7-5111-5045-5

Ⅰ．①广…　Ⅱ．①刘…　Ⅲ．①城市环境—环境生态评价—研究—广州　Ⅳ．①X321.265.1

中国版本图书馆 CIP 数据核字（2022）第 025245 号

出 版 人　武德凯
责任编辑　董蓓蓓
责任校对　薄军霞
封面设计　彭　杉

出版发行　中国环境出版集团
（100062　北京市东城区广渠门内大街 16 号）
网　　址：http：//www.cesp.com.cn
电子邮箱：bjgl@cesp.com.cn
联系电话：010-67112765（编辑管理部）
010-67113412（第二分社）
发行热线：010-67125803，010-67113405（传真）

印　　刷　北京中科印刷有限公司
经　　销　各地新华书店
版　　次　2022 年 7 月第 1 版
印　　次　2022 年 7 月第 1 次印刷
开　　本　787×1092　1/16
印　　张　10
字　　数　200 千字
定　　价　79.00 元

《广州市生态环境状况评估研究》

著者名单

刘谞承　刘香华　张音波　王秀明

赵　鹏　许乃中　陈燕乔　肖乔丹

张玉环　万丽兵　赵建刚　张起源

曾嘉强　周　雯　赵　妍　刘　飘

卢萃云　喻文强　洪　曼

前 言

党的十八大将生态文明建设纳入“五位一体”中国特色社会主义总体布局，要求“把生态文明建设放在突出地位，融入经济建设、政治建设、文化建设、社会建设各方面和全过程”。党的十九大报告提出了新时代中国特色社会主义思想和基本方略，要求“必须树立和践行‘绿水青山就是金山银山’的理念，坚持节约资源和保护环境的基本国策，像对待生命一样对待生态环境，统筹山水林田湖草系统治理，实行最严格的生态环境保护制度”。2018年5月，习近平总书记在全国生态环境保护大会上强调，要加大力度推进生态文明建设、解决生态环境问题；坚决打好污染防治攻坚战，推动生态文明建设迈上新台阶。

近年来，我国生态环境质量持续好转，出现了稳中向好趋势，但成效并不稳固，生态文明建设正处于压力叠加、负重前行的关键期，已进入提供更多优质生态产品以满足人民日益增长的优美生态环境需要的攻坚期。《广东省环境保护条例》第四十四条第一款规定“县级以上人民政府应当组织开展本行政区域的生态调查和区域环境评估工作……”。《广州市环境保护局全面深化环境保护监督管理体制改革工作方案（2014—2020年）》第（四）项要求：“建立生态文明评估考核及责任追究机制的43条：建立生态环境状况评估体系。2016年年底前，完成对广州市饮用水水源保护区、自然保护区、森林公园、湿地等重要生态功能区的生态环境状况评估；2018年年底前，完成广州市生态环境状况评估。”

为落实国家、省市相关要求，广州市生态环境局组织开展了“广州市生态状况评估”课题。2015年10月—2018年8月开展部门走访、实地调研、资料收集、数据分析等工作，通过分析广州市生态环境现状及演化特征，构建了生态环境评估体系，对广州市重要生态功能区及广州市各区生态环境状况进行了综合评估，基于广州市现状生态环境问题及其发展趋势，提出相关措施建议。本书内容即为以上研究成果，可为区域生态环境状况综合评价等相关工作提供参考。本书在编写过程中得到了华南师范大学陈章和教授、广东省科学院动物研究所邹发生研究员、广东省科学院广州地理研究所黄光庆研究员、中国科学院华南植物园曹洪麟研究员等专家的指导，在此表示感谢。因编者水平有限，本书尚存较多缺点和不足之处，敬请读者批评指正。

编著者

2021 年 9 月

目 录

第一章

自然环境概况

第一节 地理位置

广州市是广东省省会，广东省政治、经济、科技、教育和文化中心，也是华南地区铁路、公路和民航中心。广州市地处中国大陆南方、广东省中南部、珠江三角洲北缘，接近珠江流域下游入海口，位于东经 112°57′～114°3′、北纬 22°26′～23°56′。广州市东连惠州市、东莞市，西邻佛山市、中山市，北通清远市、韶关市，南濒南海，隔海与香港特别行政区、澳门特别行政区相望。

第二节 行政区划

按照最新行政区划批复（国函〔2014〕11 号）：广州市现辖越秀区、海珠区、荔湾区、天河区、白云区、黄埔区、花都区、番禺区、南沙区、从化区、增城区共 11 个区，土地总面积为 7 434.4 km^2，约占全省总面积的 4.2%。广州市行政区划见图 1-1。

第三节 地形地貌

广州市地势自北向南降低，最高峰为北部从化区与龙门县交界处的天堂顶，海拔 1 210 m；东北部为中低山区；中部为丘陵盆地；南部为沿海冲击平原，是珠江三角洲的组成部分。因各种自然因素的互相作用，广州市形成多样的土地类型，根据土地垂直地带可划分为以下几种：①中低山地，是海拔 500 m 以上的山地，主要分布在广州市的东北部。②丘陵地，是海拔 500 m 以下垂直地带内的坡地，主要分布在山地、盆谷地和平原之间，在增城区、从化区、花都区以及中心城区东部、北部均有分布。③岗台地，是相对高程 80 m 以下、坡度小于 15°的缓坡地或低平坡地，主要分布在增城区、从化区、白云区、黄埔区，番禺区、花都区、天河区亦有零星分布。④冲积平原，主要有珠江三角洲平原、流溪河冲积的广花平原。⑤滩涂，主要分布在南沙区南沙、万顷沙、新垦镇沿海一带。

图 1-1 广州市行政区划示意

第四节　气候条件

广州市地处南亚热带季风气候带，属南亚热带典型的季风海洋气候。北回归线在市境中部偏北穿过，全市约 2/3 的地区在北回归线以南。地处低纬，南面是浩瀚的南中国海，海洋和大陆对广州市气候都有非常明显的影响，具有温暖多雨、光热充足、温差较小、夏季长、霜期短等气候特征。广州市各地年平均气温 21.5～22.2℃，雨水资源丰富，平均年降水量约为 1 800 mm，年降水日数在 150 d 左右。

2019 年，广州市年平均气温 23.1℃，比常年偏高 0.9℃，突破历史最高记录。各区年平均气温 22.1～24.3℃，呈北低南高分布。与常年相比，各区年平均气温偏高 0.4～1.7℃，其中增城、花都和番禺三区年平均气温均位列当地多年最高。

2019 年，全市平均降水量 2 336 mm，较常年增加 25.8%。各区年降水量 2 060.6～2 739.7 mm，呈西少东多分布。与常年相比，各区年降水量增加 15.1%～36.7%，增城区年降水量 2 739.7 mm，是当地年降水量最高记录。

2019 年，年日照时数全市平均 1 650 h，比常年偏少 1.5%。各区年日照时数 1 589.6～1 762.3 h，呈东多西少分布。与常年相比，从化区、黄埔区偏多 2.2%～6.9%，其余区域偏少 1.2%～10.8%。

第五节　水文水系

广州市地处南方丰水区，境内河流水系发达，大小河流（涌）众多，水域面积广阔，集雨面积 100 km^2 以上的河流 22 条，河宽 5 m 以上的河流 1 368 条，总长 5 597.36 km，河道密度达到 0.75 km/km^2。全市水域面积 7.44 万 hm^2，占全市土地面积的 10.05%，主要河流有北江、东江北干流及增江、流溪河、白坭河、珠江广州河段、市桥水道、沙湾水道等，北江、东江流经广州市汇合珠江入海。

第六节　土壤与植被

一、土壤

根据全国土壤普查办公室 1995 年编制并出版的《1：100 万中华人民共和国土壤图》及“传统土壤发生分类”系统，广州市土壤共有 8 土纲、11 土类、17 土亚类。按土纲，以铁铝土和人为土为主，各约占全市土壤面积的 51.54%和 40.69%，其余占比较小，初育土约占 0.36%，半水成土约占 2.54%，城区约占 0.74%，湖泊、水库约占 0.59%，江、河约占 3.44%，江河内沙洲、岛屿约占 0.09%。按土类，以水稻土和赤红壤为主，面积各占全市总面积的 40.69%和 45.52%。水稻土集中分布于花都区、白云区、番禺区和南沙区以及增城区南部；赤红壤则多分布于广州市东北部、中部、东部区域，中低山地、丘陵地、岗台地等区域也有广泛分布。详见图 1-2。

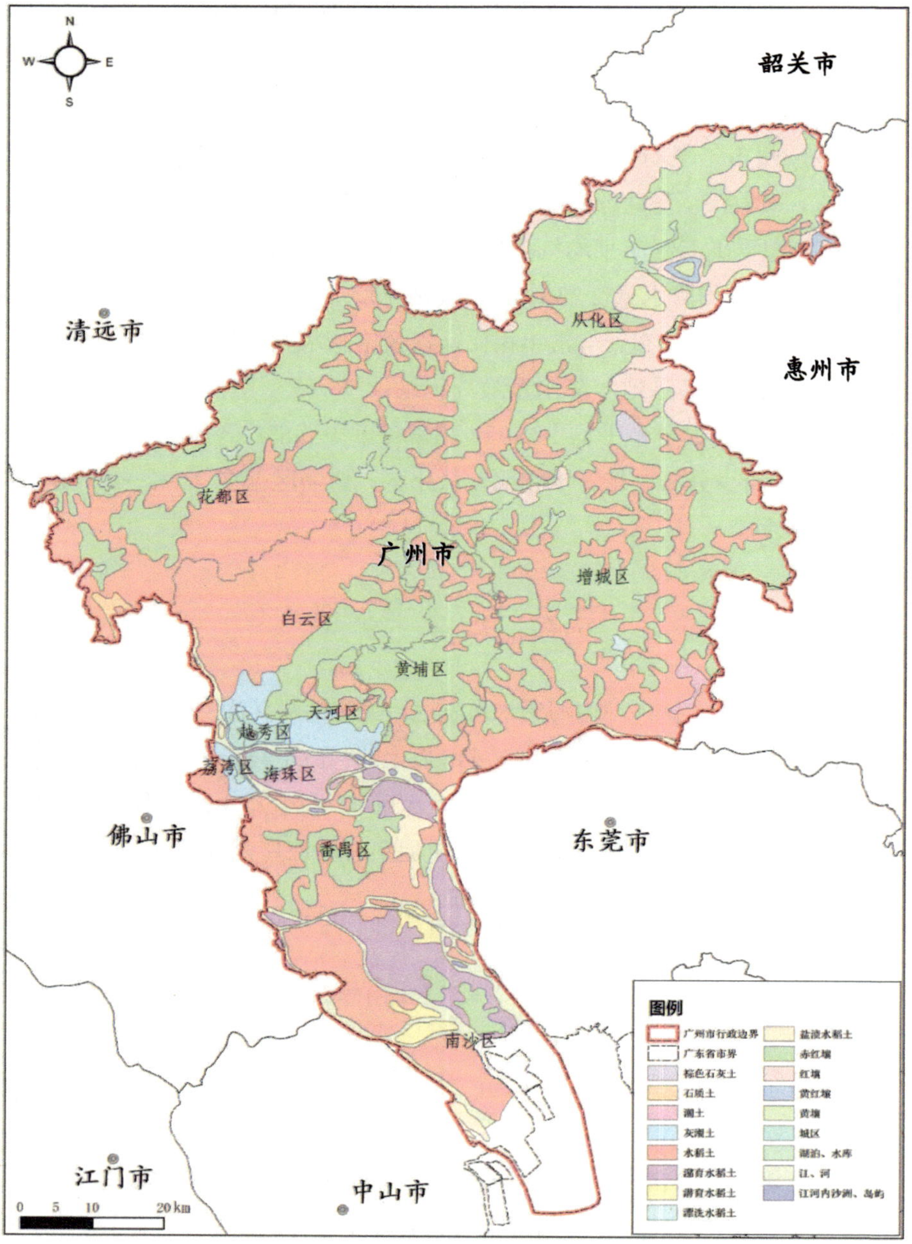

图 1-2 广州市土壤类型分布

二、植被

广州市植被可分为10个植被型、14个植被亚型和40个植被类型（群系）。其中，自然植被分为8个植被型、11个植被亚型和26个植被类型，人工植被分为2个植被型、3个植被亚型、14个植被类型。主要植被是常绿阔叶林及次生林，有的低山及沟谷植被还具有雨林的外貌和结构。从纬度变化看，北部（从化区东北部）属于亚热带常绿阔叶林地带，南部地区则属于亚热带常绿季雨林地带。从高度变化看，在常绿阔叶林地带，北坡因较干燥，随高度依次是低山雨林、山地常绿栎林和山顶矮林；南坡因较潮湿，随高度依次是不很典型的常绿季雨林、沟谷中的低山雨林和中山山地的山地雨林；在亚热带常绿季雨林地带，随高度依次是常绿季雨林、低山雨林和山地雨林。

第二章

生态资源

第一节　土地利用资源

广州市土地类型多样，适宜性广。全市宜耕地比例 65%、宜园地比例 56%、宜林地比例 63%、城镇建设适宜比例 68%，土地资源综合承载力处于高水平，形成“五山两田两城一分水”现状用地结构。

第二节　森林资源

据广州市林业和园林局网站（http：//www.lyylj.gz.gov.cn）公布的资料，2018 年，全市森林覆盖率为 42.31%，森林蓄积量为 1 720.6 万 m^3；林业用地面积为 431.5 万亩①，其中生态公益林面积为 269.38 万亩；建成区绿地率为 39.22%，绿化覆盖率为 45.13%，人均公共绿地面积为 17.3 m^2。

截至 2016 年年底，广州市建成各级森林公园 73 个，面积合计 72 611.75 hm^2，其中国家级 2 个，分别为流溪河国家森林公园、石门国家森林公园；省级 5 个，分别为帽峰山森林公园、黄龙湖森林公园、王子山森林公园、天鹿湖森林公园、太子坑森林公园；市级 12 个，分别为白水寨森林公园、火炉山森林公园、龙眼洞森林公园、凤凰山森林公园、白江湖森林公园、大封门森林公园、九龙潭森林公园、高百丈森林公园、金坑森林公园、白兰花森林公园、联溪森林公园、大象岗森林公园，另有县级 36 个、镇街级 18 个。

第三节　湿地资源

据《广州市湿地保护总体规划（2016—2030 年）》，广州市湿地总面积 86 178.7 hm^2，

① 1 亩=0.066 7 hm^2。

占土地总面积 743 440 hm^2 的 11.6%；湿地包含近海及海岸湿地、河流湿地、湖泊湿地、库塘湿地和地热湿地共五大类。全市共有 10 处重要湿地，分别为珠江河口水域、流溪河水库、南沙新垦湿地、广州抽水蓄能电站水库、红树林湿地、增江、从化温泉、增城高滩温泉、广州城区河涌湿地、广州北江支流水系等。

截至 2016 年年底，广州市已建湿地公园 20 处，其中国家级 2 处，分别为海珠国家湿地公园、花都湖湿地公园；其余均为区级，分别为南沙湿地公园、南沙滨海绿道湿地公园、草河湿地公园、海鸥岛红树林湿地公园、贝岗湿地公园、赤坎湿地公园、湾咀头湿地公园、大观湿地公园、大沙河湿地公园、增江鹤之洲湿地公园、派潭石马龙湿地公园、荔湖湿地公园、南岗河文教园区湿地公园、凤凰湖湿地公园、风云岭湿地公园、流溪温泉湿地公园、白海面湿地公园、白云湖湿地公园。

第四节 水资源

根据《2016 年广州市水资源公报》，2016 年广州市水资源总量为 105.35 亿 m^3，折合径流深 1 458.8 mm，年产水系数为 0.60，产水模数为 145.88 万 m^3/km^2；其中，地表水资源共计 104.16 万 m^3，地下水资源共计 18.43 万 m^3，不重复计算量 1.19 万 m^3；人均水资源量约为 750.19 m^3。2016 年全市总用水量为 64.53 亿 m^3（包含火电直流冷却水）。其中工业用水量最大，达 36.46 亿 m^3，占总用水量的 56.5%。按生产（农业、工业及城镇公共合计）、生活（仅指居民生活）和生态分类：生产用水 53.32 亿 m^3，占总用水量的 82.6%；生活用水 10.31 亿 m^3，占总用水量的 16.0%；生态用水 0.90 亿 m^3，占总用水量的 1.4%。

第五节 生物资源

广州市记录到陆生脊椎动物共 98 科 459 种，其中两栖类 6 科 32 种、爬行类 12 科 71 种、鸟类 59 科 284 种、兽类 21 科 72 种；昆虫类共 22 目 216 科。其中，国家一级重点保护野生动物 9 种，国家二级重点保护野生动物 44 种，广东省重点保护野生动物 42 种。《濒危野生动植物种国际贸易公约》（CITES）附录Ⅰ、附录Ⅱ、附录Ⅲ名录中的动物分别为 9 种、48 种、8 种。《世界自然保护联盟（IUCN）濒危物种红色名录》中濒危（EN）、易危（VU）、近危（NT）各 14 种、6 种、3 种。《中国濒危动物红皮书》中所列极危（CR）、濒危（EN）、易危（VU）、近危（NT）种分别为 2 种、18 种、14 种、9 种。此外，广州市共有《国家保护的有益的或者有重要经济、科学研究价值的陆生野生动物名录》中所列动物 315 种（王瑞江等，2012）。

广州市共有种子植物218科1 194属3 163种（含种下分类等级）：其中裸子植物10科16属26种，占总种数的0.82%；被子植物208科1 178属3 137种，占总种数的99.18%。国家重点保护野生植物17种，其中I级1种、II级16种，另有30种珍稀濒危植物和所有本地区生长的野生兰科植物（共31属60种）（王瑞江，2010）。

此外，据广州市林业和园林局相关资料，截至2016年年底，广州市共登记古树名木11 589株，隶属45科82属110种。由于多方面原因，已死亡90株，现存古树11 499株，其中一级古树223株、二级古树1 295株、三级古树9 940株、名木41株，各占1.94%、11.26%、86.44%、0.36%。其中数量最多的是黄埔区，有4 795株；其次是增城区（2 916株）、番禺区（909株）、从化区（514株）；最少的是珠海区（38珠）。广州市古树名木数量最多的依次为荔枝（*Litchi chinensis*）、细叶榕（*Ficus microcarpa*）、乌榄（*Canarium pimela*）、格木（*Erythrophleum fordii*）和木棉（*Bombax ceiba*），国家重点保护及珍稀濒危植物有水松（*Glyptostrobus pensilis*）、观光木（*Michelia odora*）、土沉香（*Aquilaria sinensis*）、格木（*Erythrophleum fordii*）、红椿（*Toona ciliata*）等。

第三章

相关法规政策

第一节 法 规

一、国家法规

《中华人民共和国环境保护法》第六条要求“地方各级人民政府应当对本行政区域的环境质量负责”；第十条要求“县级以上人民政府有关部门……依照有关法律的规定对资源保护和污染防治等环境保护工作实施监督管理”；第十八条要求“省级以上人民政府应当组织有关部门或者委托专业机构，对环境状况进行调查、评价，建立环境资源承载能力监测预警机制”；第二十八条要求“地方各级人民政府应当根据环境保护目标和治理任务，采取有效措施，改善环境质量”；第三十条要求“开发利用自然资源，应当合理开发，保护生物多样性，保障生态安全……”。

因此，《中华人民共和国环境保护法》虽然仅要求省级以上人民政府对环境状况进行调查、评价，并建立资源承载能力监测预警机制，但地方各级人民政府对区域环境质量负责，各地也应合理开发利用自然资源，保障生态安全。

二、广东省法规

《广东省环境保护条例》第四十四条第一款规定：“县级以上人民政府应当组织开展本行政区域的生态调查和区域环境评估工作……”，对各县级以上人民政府开展区域生态调查和环境评估工作提出了明确要求。

第二节 政 策

一、国家政策

（一）《国家重点生态功能区县域生态环境质量考核办法》（环发〔2011〕18 号）

2011 年，环境保护部、财政部联合印发《国家重点生态功能区县域生态环境质量考核办法》，规定每年发布考核工作实施方案，考核内容包括环境状况和自然生态状况，主要考核重点生态功能区所在的 26 省（区、市）555 县，侧重于生态环境整体状况的评估。2017 年 2 月，环境保护部印发《关于加强“十三五”国家重点生态功能区县域生态环境质量监测评价与考核工作的通知》（环办监测函〔2017〕279 号），对指标体系和监测工作模式进行了调整。

（二）《中共中央 国务院关于加快推进生态文明建设的意见》（2015 年 4 月）

《中共中央 国务院关于加快推进生态文明建设的意见》要求“定期开展全国生态状况调查和评估”，并提出到 2020 年的生态环境质量总体目标，包括大气环境质量、水环境质量、水质达标率、土壤环境质量、森林覆盖率、草原综合植被覆盖度、湿地面积、自然岸线保有率等指标的目标。因此，开展生态环境质量评估，有利于发现区域生态环境主要问题、促进生态环境质量改善、加快推进生态文明建设。

（三）《关于建立资源环境承载能力监测预警长效机制的若干意见》

《关于建立资源环境承载能力监测预警长效机制的若干意见》要求“针对不同区域资源环境承载能力状况，定期开展全域和特定区域评估……”，从水资源、土地资源、环境、生态、海域等方面，按“超载、临界超载、不超载三个等级”分级管控。开展资源环境承载能力状况评估，推动实现资源环境承载能力监测预警规范化、常态化、制度化，是引导和约束各地严格按照资源环境承载能力谋划经济社会发展的需要。

（四）《生态环境状况评价技术规范》

根据《中华人民共和国环境保护法》的要求，为加强生态环境保护、综合评价我国生态环境状况及变化趋势，2006 年 5 月环境保护部颁布《生态环境状况评价技术规范（试行）》（HJ/T 192—2006），2015 年修订为《生态环境状况评价技术规范》（HJ 192—2015），适用于县域、省域和生态区的生态环境状况及变化趋势评价，指标体系包括生物丰度指数、植被覆盖指数、水网密度指数、土地胁迫指数、污染负荷指数 5 个分指数和 1 个环境限制指数。

二、地方政策

（一）《广东省环境保护责任考核办法》（粤办发〔2008〕14 号）及广东省、广州市其他考核政策

2008 年 10 月和 11 月，广东省分别印发《广东省环境保护责任考核办法》（粤办发〔2008〕14 号）、《广东省环境保护责任考核指标体系》（2012 年修订）；2013 年 1 月，广东省印发《广东省环境保护责任考核指标体系操作细则》（粤环〔2013〕1 号）；2017 年，广州市印发《广州市环境保护目标责任考核办法》，对区域生态环境状况评估或考核提出了相应的规范要求，并明确了考核指标体系。

（二）《广州市环境保护局全面深化环境保护监督管理体制改革工作方案（2014—2020 年）》

《广州市环境保护局全面深化环境保护监督管理体制改革工作方案（2014—2020 年）》第（四）项规定："建立生态文明评估考核及责任追究机制的 43 条：建立生态环境状况评估体系。2016 年年底前，完成对广州市饮用水水源保护区、自然保护区、森林公园、湿地等重要生态功能区的生态环境状况评估；2018 年年底前，完成广州市生态环境状况评估。"因此，开展广州市生态与环境状况评估是落实广州市环境保护监督管理体制改革的需要。

第三节 规 划

一、国家规划

《"十三五"生态环境保护规划》（国发〔2016〕65 号）要求，加强生态环境基础调查。开展全国生态状况变化（2011—2015 年）调查评估、生态风险调查评估等工作；对城市规划区范围内自然资源和生态空间进行调查评估。要求实施最严格环境保护制度，提高环境质量、严控生态环境风险。规划明确了生态环境质量等目标任务，其中生态环境质量指标层包括空气质量、水环境质量、土壤环境质量、生态状况 4 个方面。

二、广东省、广州市相关规划

广东省及广州市地方政府印发了《广东省环境保护规划纲要（2006—2020 年）》《广

东省生态文明建设“十三五”规划》《广东省环境保护“十三五”规划》《广东省大气污染防治行动方案（2014—2017 年）》《广东省水污染防治行动计划实施方案》《南粤水更清行动计划（修订本）（2017—2020 年）》《珠江三角洲环境保护一体化规划（2009—2020 年）》《广州市生态文明建设规划纲要（2016—2020 年）》《广州市城市环境总体规划（2014—2030 年）》和《广州市水污染防治行动计划实施方案》等一系列规划文件和实施方案，选取不同环境质量指标评价和规划控制区域环境质量。

第四节 相关案例

一、国内其他区域相关案例

区域生态环境质量评价的方法有多种，主要有相关分析法、分级贴近度法、综合评价法、绝对指标法、生态环境质量优劣度指数评价法、模糊评价法、物元分析评价法、人工神经网络评价法、灰色关联度分析法、主成分分析法、集对分析法、层次分析法、指数评价法等（孙东琪等，2012）。城市生态环境质量评价是以城市系统中城市建设区以及周边影响区为研究对象，从城市系统的结构、输入与输出、过程与效能等方面，以城市系统可持续性与和谐发展为目标，通过构建城市系统构成与格局、功能与活力、抗性与协调性等方面指标，综合评估城市生态环境状况的过程（邝奕轩等，2005）。

各类生态环境质量综合评价的相关研究，针对不同区域的自然环境特征，从社会、经济、环境等方面，分别提出不同的评价指标体系。李铁松（2011）从自然环境状况、社会环境状况、环境污染指标、经济环境状况 4 个层次，采用层次分析法、专家判断法，选取了 23 项指标，并采用方根法计算各项指标权重，对南充市生态环境质量进行了综合评价。黄蓓佳（2009）在对上海市闵行区进行生态环境质量评价过程中，采用了专家咨询和层次分析法，按经济、社会、环境、动态 4 项一级因子，选取了 10 项二级因子。孙东琪（2012）以多种统计数据为数据源，采用层次分析法，从生态破坏、自然资源、环境污染、社会经济 4 个方面，选取了 12 个指标层共 30 项指标，分时段对我国 31 个省（市、区）、三大经济带的生态环境质量进行了综合评价。高越（2017）基于自然、经济、社会 3 个子系统，从 8 个要素层共选取 24 项指标，采用主成分分析法（PCA），对赤峰市生态环境质量进行综合评价。吴治花（2009）基于生产位、生活位、环境位选取 21 项指标构建张家口市生态环境质量综合评价体系。

不同研究区域所采用的生态环境质量评价方法存在差异，评价指标的选取也各不相同，但基于一种生态环境质量评价方法开展的区域生态环境质量变化趋势分析，有利于发现区域生态问题、强化生态环境保护管理。马木合（2015）从环境质量、经济系统、社会发展 3 个方面，选择 24 个指标对昌吉州 2001—2012 年生态环境质量及其变化趋势进行综合评价，指标权重以熵权法确定。顾爱军（2018）从环境质量、环境保护、社会发展 3 个方面，选取了 30 个要素层指标，综合评价常州市 2002—2007 年生态环境质量。翁中银（2015）运用层次分析法，从自然环境、生态环境、社会、经济 4 个方面，选取 19 项指标构建成都市城市生态环境评价指标体系，对成都市 2008—2012 年城市生态环境进行评价、分析。郭鑫（2011）构建了衡水市生态环境质量评价体系，对其近 9 年的生态环境质量进行综合评价，并对未来 10 年生态环境质量作出预测，预测结果显示，2002—2020 年衡水市生态环境质量总体呈上升趋势。何孙鹏（2015）从自然环境资源、生态破坏与环境污染、社会经济环境、环境治理 4 个方面，选取 45 项指标，运用加权合成法，研究了内蒙古 1990—2010 年生态环境质量变化趋势。

二、广东省、广州市相关案例

（一）《珠江三角洲环境保护规划纲要（2004—2020 年）》

《珠江三角洲环境保护规划纲要（2004—2020 年）》是我国第一个通过立法实施的区域性环境保护规划。规划打破了单一行政区域限制，综合考虑区域环境容量与生态安全，有针对性地开展环境整治和生态建设，在发展中解决环境问题，有利于促进环境与社会经济的协调发展。规划提出了“努力实现环境可持续的现代化，把珠江三角洲建成全面、协调的国家可持续发展示范区”。

（二）《广州市城市生态可持续发展规划》

《广州市城市生态可持续发展规划》是在可持续发展理论和城市生态学原理的指导下，运用系统工程、生态控制、定量分析和模糊判断、地理信息系统和遥感技术与方法，遵循合理的研究思路而进行的生态可持续发展规划。规划研究了 1995—2000 年广州市的生态足迹和城市生态系统健康，提出了 2005—2020 年广州市城市生态发展目标，研究了广州市生态安全格局，提出了生态空间分布规划。

（三）《广州市城市环境总体规划（2014—2030 年）》

该规划是目前指导广州市开展环境保护和生态建设的战略性、纲领性文件，提出了广州市环境规划目标、指标体系和环境战略分区，从环境资源承载力、生态环境、水环境、大气环境等多方面，对广州市进行了分级管控区划，并从环境系统治理、环境风险防范出发，提出了广州市生态环境保护的总体要求。

第四章

生态系统与景观格局现状分析

第一节　土地利用类型

一、研究方法

（一）遥感影像预处理

1. 遥感影像数据

遥感影像数据采用拍摄的 Landsat 8 OLI_TIRS 卫星数字产品（LC812204420163421LNG01，中心经度 113.566 3°，中心纬度 23.112 9°），拍摄日期 2016 年 12 月 7 日，云量为 3.96%，单位栅格分辨率为 30 m。

2. 影像预处理

（1）几何纠正

由于卫星传感器视角、地球表面曲率和地球自转等因素的影响，影像地物会产生一定的几何形变和偏移错位，成为几何畸变。因此需采用 ENVI 5.0 软件，利用二次多项式和双线性内插法对 TM 图像进行几何纠正，目的是尽可能消除这些畸变的影响，从而使之实现与标准图像或具有特定投影和坐标系统的地图完全配准，并使其本身具有空间参数的特性。

（2）辐射校正

辐射校正是指对由外界因素、数据获取和传输系统产生的系统的、随机的辐射失真或畸变进行的校正，消除或改正因辐射误差而引起的影像畸变的过程（朱志刚，2001；孙家柄，2009）。

3. 影像裁剪

本书以广州市行政区矢量图为掩膜文件，裁剪出广州市行政区影像。

（二）土地利用类型划分

影像经过预处理后，首先采用 ENVI 5.0 软件在影像上选取各个地类的兴趣区作为样本，在各个地类分离程度符合精度要求的前提下，选用最大似然法（Maximum Likelihood，ML）进行监督分类，得到各个地类的分布情况、面积和比例；其次根据各地区地类的实际分布情况对分类结果进行后处理，减少错分和混分，提高分类的准确性；最后在 Arcgis 10.0 软件上编绘、成图，得到广州市及各区土地利用现状图。

1. 土地利用类型分类

基于《土地利用现状分类》（GB/T 21010—2017），研究区土地利用类型分为 7 类，分别为林地、草地、农田、园地、水域、建设用地和未利用地。其中，林地包括有林地、灌木林地和其他林地；草地包括天然牧草地、人工牧草地及其他草地；农田包括水田、水浇地、旱地等；园地包括果园、茶园及其他园地；水域包括河流水面、湖泊水面、水库水面、坑塘水面、沿海滩涂、内陆滩涂、沟渠、水工建筑用地等；建设用地包含城乡住宅和公共设施用地、工矿用地、交通水利设施用地、旅游用地、军事设施用地等；未利用地包括裸地、盐碱地、荒漠等。

2. 选择训练区

训练区的选择是决定分类精度的关键因素，同种地物的光谱特征在不同地理位置和不同时刻存在差异，因此像元的选择应尽量与该地物在研究区域中的分布相一致且均匀，避免集中在局部位置。由于太阳高度角的差异，某些遥感图中山体阴影比较严重，为减小影响，林地训练区面积应尽量小且均匀分布。

训练区选择完成后，需使用 ROI 可分离性（Compute ROI Separability）计算任意类别间的统计距离，用于确定不同类别间的差异程度，计算结果大于 1.9 为合格样本，小于 1.8 则需重新选择样本。

3. 执行监督分类

采用最大似然法执行监督分类，其判别规则以概率为基础。该方法将每个具有模式测试或特征向量 $\boldsymbol{X}$ 的像元划分到很有可能出现特征向量 $\boldsymbol{X}$ 的第 i 类中，即假设每个波段的各类统计都呈正态分布，计算给定像元属于某一训练样本的似然度，并将其归并到似然度最大的类别。

4. 评价分类结果

执行监督分类之后，采用混淆矩阵（Confusion Matrix）方法评价分类结果。将每个实测像元的位置和分类与分类图像进行比较计算，矩阵中每一列代表实测信息，数值为实测像元在分类图像中相应类别的数量；每一行代表分类信息，数值为遥感分类像元在实测像元相应类别中的数量。混淆矩阵内含总体分类精度（Overall Accuracy）、Kappa 系数（Kappa Coefficient）、错分误差（Commission）、用户精度（User.Acc）等指标，可评价分类结果的精度。

5. 分类后处理

采用监督分类方法得到的分类图像，不可避免地会具有很多细小图斑，影响后续处理的精度，因此按以上步骤所得初步结果，一般须进行分类后处理，方可得到理想结果。

采用 Majority/Minority 分析方法对细小图斑进行处理，应用类似于卷积滤波的方法，将较大类别中的虚假像元归类，定义一个变换核尺寸，主要分析即用变换核中占主要地位的像元类别代替中心像元；次要分析即用占次要地位的像元类别代替中心像元。对于局部错分、漏分的像元，使用交互式分类工具 Interactive Class Tool 进行修改，将一定范围内错分、漏分的像元并入正确的类别。

利用基于混淆矩阵的方法对分类影像进行精度评价，分类精度 86%，Kappa 系数 0.8，满足需要的分类精度，分类结果具有一定的可信度（朱志刚，2001；孙家柄，2009）。

6. 数据处理

解译结果采用 ArcGIS 10.0 软件进行分析，按林地、草地、农田、园地、水域、建设用地和未利用地 7 类，进行数据处理、编绘、成图，得到广州市及各区土地利用现状数据及图件。

二、研究结果

（一）广州市土地利用类型

广州市土地总面积为 7 434.4 km^2，2016 年土地利用类型以建设用地、林地、农田和园地为主，面积分别为 2 568.483 km^2、2 080.01 km^2、1 170.648 km^2 和 1 159.04 km^2，各占全市总面积的 33.138%、27.698%、16.419%和 15.649%。其余用地面积较少。2016 年广州市土地利用分析结果详见表 4-1 和图 4-1。

（二）广州市各区土地利用类型

荔湾区、越秀区、海珠区、天河区土地利用类型均以建设用地为主，面积分别约为 53.159 km^2、28.361 km^2、68.287 km^2、66.881 km^2，各占全区总面积的 89.947%、83.907% 和 75.539%、69.429%，其余土地利用类型面积占比较少。白云区除建设用地占总面积的 50.312%外，农田、林地较多，各占 23.380%和 20.564%。番禺区以建设用地和农田为主，各占全区总面积的 58.398%和 22.724%。黄埔区以建设用地为主，占全区总面积的 42.868%，另外林地和园地也较多，分别占全区总面积的 27.662%、17.233%。南沙区以农田、水域和建设用地为主，各占全区总面积的 41.366%、33.853%和 23.385%。增城区和从化区均以林地、园地和建设用地为主，其中，增城区三者面积各占全区总面积的 31.800%、28.263%、29.308%，从化区三者面积各占全区总面积的 46.381%、27.736%、16.516%。

表 4-1　2016 年广州市及各区土地利用结构

土地利用类型	1. 广州市		2. 荔湾区		3. 越秀区		4. 海珠区		5. 天河区		6. 白云区	
	面积/km^2	比例/%	面积/km^2	比例/%	面积/km^2	比例/%	面积/km^2	比例/%	面积/km^2	比例/%	面积/km^2	比例/%
建设用地	2 568.483	33.138	53.159	89.947	28.361	83.907	68.287	75.539	66.881	69.429	400.374	50.312
林地	2 080.01	27.698	0.030	0.052	3.800	11.243	11.948	13.217	15.551	16.144	163.648	20.564
园地	1 159.04	15.649	0	0	0	0	0.015	0.016	2.536	2.633	19.600	2.463
草地	2.202	0.030	0	0	0	0	0	0	0	0	0.013	0.002
农田	1 170.648	16.419	1.481	2.506	0	0	0.942	1.042	9.336	9.691	186.056	23.380
水域	449.62	7.000	4.430	7.495	1.639	4.850	9.207	10.185	2.025	2.102	26.099	3.280
未利用地	4.401	0.060	0	0	0	0	0	0	0.001	0.001	0.009	0.001
合计	7 434.4	100.000	59.1	100.000	33.8	100.000	90.4	100.000	96.33	100.000	795.79	100.000
土地利用类型	7. 黄埔区		8. 番禺区		9. 花都区		10. 南沙区		11. 从化区		12. 增城区	
	面积/km^2	比例/%	面积/km^2	比例/%	面积/km^2	比例/%	面积/km^2	比例/%	面积/km^2	比例/%	面积/km^2	比例/%
建设用地	207.554	42.868	459.097	58.398	361.523	37.269	123.388	23.385	326.106	16.516	473.753	29.308
林地	133.933	27.662	46.205	5.877	268.205	27.649	6.869	1.302	915.785	46.381	514.036	31.800
园地	83.437	17.233	1.130	0.144	47.318	4.878	0.486	0.092	547.655	27.736	456.863	28.263
草地	0.088	0.018	0	0	0.015	0.002	0	0	2.063	0.105	0.023	0.001
农田	39.318	8.121	178.643	22.724	266.627	27.486	218.269	41.366	153.438	7.771	116.538	7.209
水域	19.621	4.052	100.909	12.836	26.346	2.716	178.627	33.853	29.215	1.480	51.502	3.186
未利用地	0.219	0.045	0.165	0.021	0.006	0.001	0.009	0.002	0.237	0.012	3.755	0.232
合计	484.17	100.000	786.15	100.000	970.04	100.000	527.65	100.000	1974.5	100	1 616.47	100

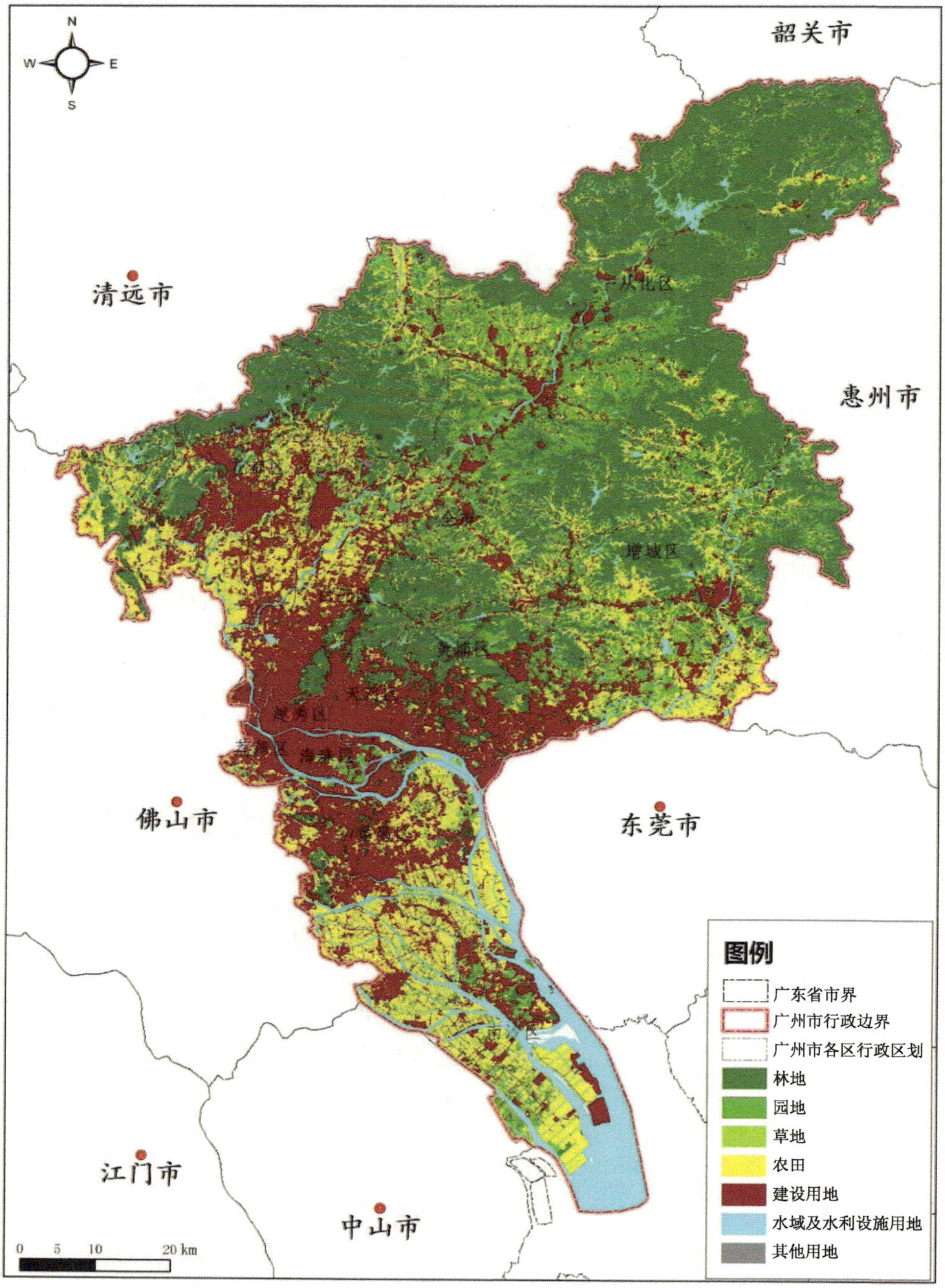

图 4-1　2016 年广州市土地利用状况

第二节 生态系统类型

一、研究方法

遥感影像数据及其处理方法与土地利用类型一致。参照全国陆地生态系统分类标准，生态系统可分为 9 个Ⅰ级区。广州地处亚热带气候区域，不存在荒漠和冰川积雪生态类型，因此全市生态系统共分为 8 类，分别为森林、灌丛、草地、湿地、农田、城镇、园地和裸地。其中森林和灌丛生态系统基本与土地利用类型中的林地对应，湿地生态系统与水域地类对应。详见表 4-2。

表 4-2 陆地生态系统分类标准

Ⅰ级分类		图例			
编码	名称	式样	配色方案		
			R	G	B
1	森林		56	168	0
2	灌丛		154	205	50
3	草地		209	255	155
4	湿地		0	169	230
5	农田		217	207	115
6	城镇		250	0	0
7	园地		0	240	180
8	裸地		255	255	190

二、研究结果

（一）广州市生态系统类型

广州市生态系统类型以城镇生态系统、农田生态系统、森林生态系统、园地生态系统和湿地生态系统为主，灌丛生态系统、草地生态系统和裸地生态系统为辅。数量结构上，森林生态系统面积为 2 046.917 km^2，占全市面积的 27.535%；城镇生态系统面积为 2 463.628 km^2，占比为 33.140%；农田生态系统和园地生态系统总面积为 2 384.084 km^2，占比为 32.070%；湿地生态系统面积为 520.380 km^2，占比为 7.000%；城镇生态系统的规模总量位居首位。同时，裸地生态系统和灌丛生态系统以及草地生态系统比重较小，面积分别为 4.460 km^2、12.301 km^2、2.230 km^2，占比分别为 0.060%、0.165%、0.030%。空间布局上，城镇生态系统主要集中于市中心六区和从化、花都、番禺中心区域，交通干道沿线呈现连线成片的趋势。森林生态系统多分布于从化北部、增城东北部，市区中的白云山、火炉山亦有零星分布。农田生态系统主要集中分布在番禺、南沙、从化和花都等市郊地带，园地生态系统主要分布在低丘缓坡山区，且由零星分布发展为集中连片分布。

（二）广州市各区生态系统类型

荔湾、越秀、海珠、天河、白云、番禺 6 区均以城镇生态系统为主，面积均占各区面积一半以上，另有湿地生态系统、农田生态系统和森林生态系统分布；此外，中心六区越秀、天河、白云、番禺也存在少量灌丛生态系统，海珠、天河、白云、番禺分布有园地生态系统。黄埔、花都生态系统以城镇、森林和园地为主，其余类型较少。从化、增城均以森林生态系统为主，城镇生态系统和园地生态系统也较多。南沙则以农田生态系统类型为主，其次为湿地生态系统和城镇生态系统，其他类型极少。

广州市生态系统类型结果详见表 4-3 和图 4-2。

表 4-3 广州市及各区生态系统类型结构

生态系统类型	1. 广州市		2. 荔湾区		3. 越秀区		4. 海珠区		5. 天河区		6. 白云区	
	面积/km^2	比例/%	面积/km^2	比例/%	面积/km^2	比例/%	面积/km^2	比例/%	面积/km^2	比例/%	面积/km^2	比例/%
森林	2 046.917	27.535	0.031	0.053	3.717	10.996	11.948	13.217	15.518	16.109	162.333	20.399
灌丛	12.301	0.165	0	0	0.011	0.032	0	0	0.002	0.002	1.052	0.132
草地	2.230	0.030	0	0	0	0	0	0	0	0	0.013	0.002
园地	1 163.421	15.650	0	0	0	0	0.015	0.016	2.538	2.635	19.566	2.459
农田	1 220.663	16.420	1.475	2.495	0.122	0.362	0.944	1.044	9.336	9.692	186.248	23.404
城镇	2 463.628	33.140	53.189	89.998	28.407	84.044	68.276	75.527	66.899	69.448	400.367	50.311
湿地	520.380	7.000	4.405	7.453	1.544	4.567	9.217	10.196	2.037	2.114	26.202	3.293
裸地	4.460	0.060	0	0	0	0	0	0	0.001	0.001	0.009	0.001
合计	7 434.4	100.000	59.1	100.000	33.8	100.000	90.4	100.000	96.33	100.000	795.79	100.000
生态系统类型	7. 黄埔区		8. 番禺区		9. 花都区		10. 南沙区		11. 增城区		12. 从化区	
	面积/km^2	比例/%	面积/km^2	比例/%	面积/km^2	比例/%	面积/km^2	比例/%	面积/km^2	比例/%	面积/km^2	比例/%
森林	133.251	27.522	46.072	5.860	267.405	27.566	6.828	1.294	912.118	46.195	511.031	31.614
灌丛	0.640	0.132	0.137	0.017	0.481	0.050	0.042	0.008	3.732	0.189	3.108	0.192
草地	0.088	0.018	0.000	0.000	0.013	0.001	0.000	0.000	2.063	0.105	0.023	0.001
园地	83.519	17.250	1.130	0.144	47.225	4.868	0.487	0.092	547.635	27.735	456.872	28.264
农田	39.322	8.121	178.616	22.720	266.881	27.512	218.238	41.360	153.440	7.771	116.592	7.213
城镇	207.589	42.875	459.048	58.392	361.594	37.276	123.362	23.380	326.070	16.514	473.632	29.300
湿地	19.537	4.035	100.982	12.845	26.433	2.725	178.684	33.864	29.205	1.479	51.464	3.184
裸地	0.224	0.046	0.165	0.021	0.006	0.001	0.009	0.002	0.236	0.012	3.747	0.232
合计	484.17	100.000	786.15	100.000	970.04	100.000	527.65	100.000	1 974.5	100.00	1 616.47	100.00

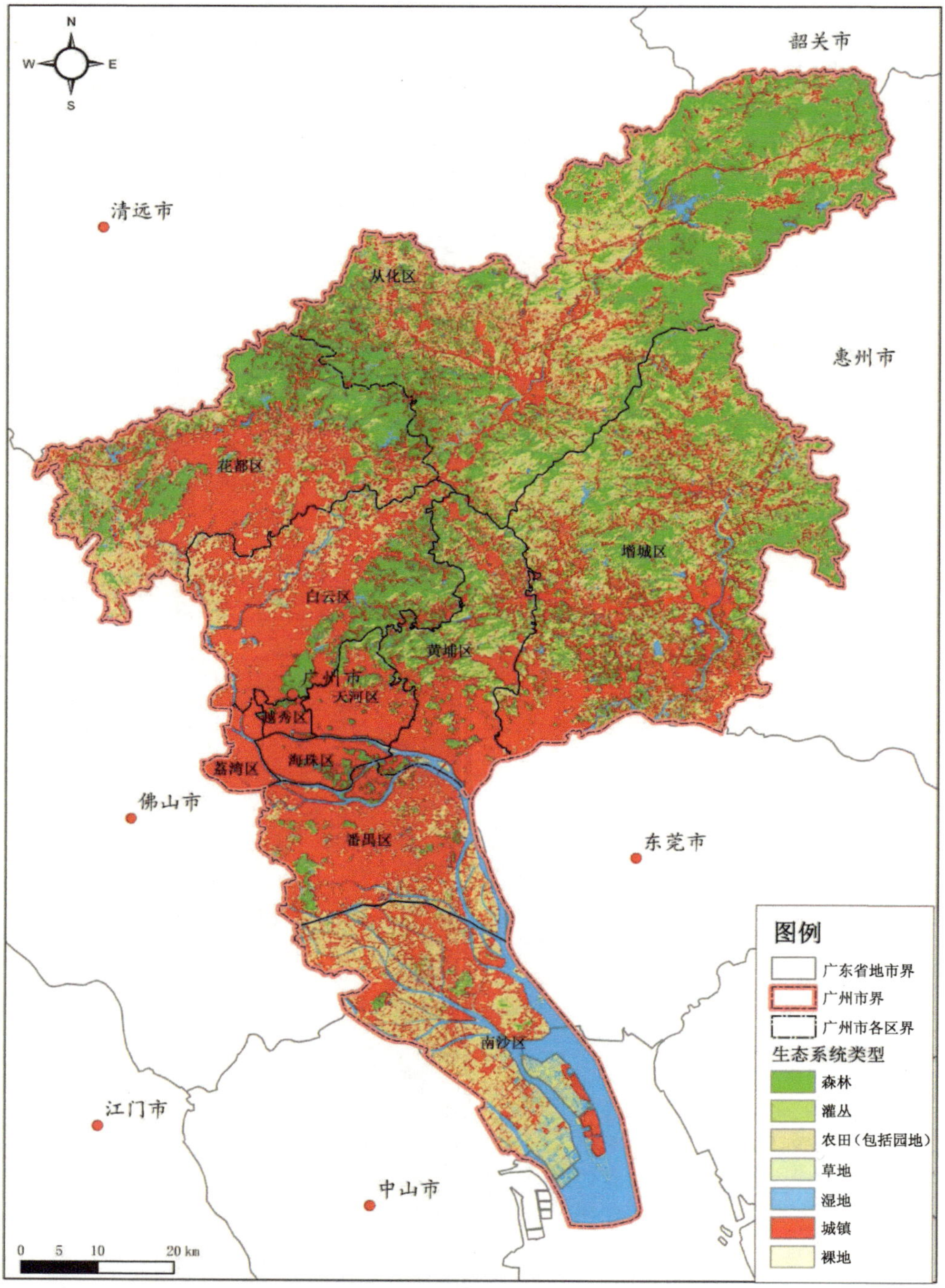

图 4-2 广州市生态系统类型分布

第三节 景观格局

一、研究方法

遥感影像数据及其处理方法与土地利用类型一致。采用景观斑块破碎化指数（FN）、景观多样性指数（H）和人工干扰指数（HD）对广州市景观格局、破碎化程度及人工干扰情况进行分析（由畅等，2006）。

1. 景观水平指数

景观水平指数包括：

斑块总个数（N_P）：取值范围 $N_P \geqslant 1$（个）。N_P 为景观破碎化程度的重要标志，N_P 越大，破碎化程度越高。

斑块密度（PD）：每平方千米的斑块个数，取值范围 PD＞0 个/km^2。

边界总长（TE）：取值范围 TE≥0 m。

边界密度（ED）：每公顷的边界长度，取值范围 ED≥0 m/hm^2。

2. 景观斑块破碎化指数

景观斑块破碎化指数指景观被分割的破碎程度，反映景观空间结构的复杂性。公式为

$$\mathrm{FN} = \frac{N_P - 1}{N_c}$$

式中，N_P —— 景观斑块总个数；

N_c —— 研究区的总面积与最小斑块面积的比值。

FN 的值域为[0，1]，0 表示景观完全未被破坏即无生境破碎化的存在，1 表示给定性质的景观已完全破碎。

3. 景观多样性指数

景观多样性指数由 Shannon-Wiener 多样性指数计算，表达了斑块的丰富度和异质性。当景观由单一要素构成时，景观是均质的，H 为 0。当景观由两个以上元素构成时，若各类斑块所占的面积比例相等，则 H 最高；若各斑块所占比例差异增大，则 H 降低。

$$H = -\sum_{i=1}^{n}(P_i)\log_2(P_i)$$

式中，P_i —— 第 i 类景观类型占景观总面积的比例；

n —— 研究区中景观类型的总数。

H 越大，表示景观多样性越高。

4. 人工干扰指数

人工干扰指数是量度人类对景观干扰程度的指标，反映了研究区域受人为干扰的程度。公式为

$$HD = \frac{A_H}{A_N}$$

式中，A_H —— 人工景观的面积；

A_N —— 自然景观的面积。

二、研究结果

（一）广州市整体景观水平

广州市共有斑块数 274 673 个，其中林地、农田、城镇、园地斑块数较大，分别为 68 292 个、67 928 个、59 147 个、54 776 个，数量较接近，其余景观类型斑块数较少。广州市总斑块密度为 15.56 个/km^2，林地、农田、城镇、园地密度同样较大，分别为 3.87 个/km^2、3.84 个/km^2、3.35 个/km^2、3.10 个/km^2。广州市边界总长及边界密度分别为 104 282.79 km 和 14.03 m/hm^2。结果详见表 4-4。

表 4-4 广州市景观格局总体特征

景观类型	斑块数（N_P）/个	斑块密度（PD）/（个/km^2）	边界总长（TE）/km	边界密度（ED）/（m/hm^2）
全市范围	274 673	15.56	104 282.79	14.03
林地	68 292	3.87	53 080.26	0.30
灌丛	2 055	0.12	619.50	38.43
草地	1 206	0.07	230.04	4 162.86
园地	54 776	3.10	45 326.58	38.96
农田	67 928	3.84	45 908.34	37.61
城镇	59 147	3.35	52 773.36	21.42
水域	18 427	1.04	9 283.17	102.00
未利用地	2 842	0.16	472.74	51.58

（二）景观斑块破碎化指数

广州市景观斑块破碎化指数约为 0.05，处于较低水平，其主要原因在于广州市各类

景观类型分布较为集中，如林地和园地主要分布于从化区和增城区，农田主要分布于花都区南部和白云区北部、南沙区，城镇主要分布于中心城区及周边区域，因此，广州市景观总体表现为破碎化程度不高。

（三）景观多样性指数

广州市各区景观多样性指数以增城区最大，超过 2；黄埔区、花都区、从化区的数值也超过了 1.8，说明广州市城郊地区景观类型较多，景观更丰富。同时，城市化进程与主城区相比较为滞后，人类活动对各自然景观类型的影响正逐步体现，各种景观类型混淆度较高，故景观多样性较大。而海珠、越秀、荔湾等区 *H* 值较低，最低的荔湾区只有 0.555，主要原因是这些地区城市化进程启动较早，如今区内建设用地已经占有了绝对比例且整体性强，其他景观类型比例较小且分布较为集中，所以景观多样性程度相对较低。评价结果详见表 4-5。

表 4-5 广州市景观指数分析结果

行政区	景观多样性指数（*H*）	人工干扰指数（HD）	建设用地面积占区面积比例/%
荔湾区	0.555	12.323	89.998
越秀区	0.797	5.411	84.044
海珠区	1.098	3.271	75.527
天河区	1.372	4.487	69.448
白云区	1.764	3.197	50.311
黄埔区	1.974	2.154	42.875
番禺区	1.577	4.341	58.392
花都区	1.915	2.296	37.276
南沙区	1.638	1.844	23.380
增城区	2.029	1.858	29.300
从化区	1.862	1.085	16.514

（四）人工干扰指数

结果表明，荔湾区人工干扰指数在广州市各区中位列首位，达到 12 以上，且建设用地在全区面积的占比近 90%，说明该区人类活动对自然景观的干扰最为显著。其次为越秀区、天河区、番禺区等，城市化进程开启较早，发展迅速，建设用地占据了一定比例，城镇布局趋于成熟，说明人类活动对自然景观干扰程度较大；从化、增城、南沙、花都等区地处城郊地带，城市化进程相对落后，建设用地占比较小，人类活动对自然景观的干扰程度较小。详见表 4-5。

第四节 陆地生态系统质量

一、研究方法

（一）生物量

本次研究选取了广州市 TM 影像的第 3、4、5 波段；归一化植被指数（NDVI）、比值植被指数（SR）、土壤调整植被指数（SAVI）、中红外植被指数（VI3）；反射率比值项 TM5/TM3、1/TM3；穗帽变换（TC）的亮度分量（BI）、绿度分量（GVI）、湿度分量（WI）；这些值的对数形式 ln（TM3）、ln（TM4）、ln（TM5）、ln（1/TM3）、ln（NDVI）、ln（SR）共 18 个因子作为生物量遥感指示因子。结合模型及广州市遥感影像，在 Erdas 软件的 model 模块下计算得到广州市生物量（李锦业等，2009）。

（二）植被指数及植被覆盖度

根据已进行的空间图像的模型运算，生成研究区各时相的植被指数图，根据建立的植被覆盖度与植被指数的模型，再生成相应的基于像元计算的植被覆盖度图（龚建周等，2006）。对研究区域各时相遥感影像进行运算，并分割图像生成研究区不同时相的植被覆盖度等级图。

（三）初级生产力

根据《生态保护红线划定技术指南》提供的方法，分析广州市初级生产力水平。生态系统净初级生产力（NPP）可基于 CASA 光能利用率模型计算。CASA 模型认为 NPP 由植物光合作用与其光能利用率的大小共同决定。所以，CASA 模型中 NPP 的估算可由植物的光合有效辐射（APAR）和实际光能利用率（ε）两个因子来表示，其估算公式如下：

$$\mathrm{NPP}(x, t) = \mathrm{APAR}(x, t) \times \varepsilon(x, t)$$

式中，$\mathrm{APAR}(x, t)$—— 像元 x 在 t 月吸收的光合有效辐射（以 C 计），g/（m^2·月）；

$\varepsilon(x, t)$ —— 像元 x 在 t 月的实际光能利用率（以 C 计），g/MJ。

1. APAR 的估算

APAR 的值由植被所能吸收的太阳有效辐射和植被对入射光合有效辐射的吸收比例来确定。

$$APAR(x, t)=SOL(x, t)\times FPAR(x, t)\times 0.5$$

式中，$SOL(x, t)$ —— t 月在像元 x 处的太阳总辐射量；

$FPAR(x, t)$ —— 植被层对入射光合有效辐射的吸收比例；

0.5 —— 植被所能利用的太阳有效辐射占总辐射的比例。

2. FPAR 的估算

由于在一定范围内，FPAR 与 NDVI 之间存在着线性关系，这一关系可以根据某一植被类型 NDVI 的最大值和最小值以及所对应的 FPAR 最大值和最小值来确定。

$$FPAR(x, t)=\frac{NDVI(x,t)-NDVI_{i,\min}}{NDVI_{i,\max}-NDVI_{i,\min}}\times(FPAR_{\max}-FPAR_{\min})+FPAR_{\min}$$

式中，$NDVI_{i,\max}$ 和 $NDVI_{i,\min}$ 分别对应第 i 种植被类型的 NDVI 最大值和最小值。

FPAR 与比值植被指数（SR）也存在着较好的线性关系，可由以下公式表示：

$$FPAR(x, t)=\frac{SR(x,t)-SR_{i,\min}}{SR_{i,\max}-SR_{i,\min}}\times(FPAR_{\max}-FPAR_{\min})+FPAR_{\min}$$

式中，$FPAR_{\min}$ 和 $FPAR_{\max}$ 的取值与植被类型无关，分别为 0.001 和 0.95；$SR_{i,\max}$ 和 $SR_{i,\min}$ 分别对应第 i 种植被类型 NDVI 的 95%和 5%下侧百分位数，$SR(x, t)$由以下公式表示：

$$SR(x, t)=\frac{1+NDVI(x,t)}{1-NDVI(x,t)}$$

通过对 FPAR-NDVI 和 FPAR-SR 所估算结果的比较发现，由 NDVI 所估算的 FPAR 比实测值高，而由 SR 所估算的 FPAR 则低于实测值，但其误差小于直接由 NDVI 所估算的结果，因此可将二者结合起来，取其加权平均值或平均值作为 FPAR 的估算值：

$$FPAR(x, t)=\alpha FPAR_{NDVI}+（1-\alpha）FPAR_{SR}$$

式中，α 为 $FPAR_{NDVI}$ 的权重，此处取 0.5。

3. 实际光能利用率的估算

实际光能利用率是指一定时期单位面积上生产的干物质中所包含的化学潜能与同一时间投射到该面积上的光合有效辐射能之比。环境因子如气温、土壤水分状况以及大气水汽压差等会通过影响植物的光合能力调节植被的 NPP。

$$\varepsilon (x, t)= T_{\varepsilon 1}(x, t)\times T_{\varepsilon 2}(x, t)\times W_{\varepsilon}(x, t)\times\varepsilon_{\max}$$

式中，$T_{\varepsilon 1}(x, t)$和 $T_{\varepsilon 2}(x, t)$ —— 低温和高温对光能利用率的胁迫因子；

$W_\varepsilon(x, t)$ —— 水分胁迫因子，反映水分条件对光能利用率的影响；

ε_{max} —— 理想条件下的最大光能利用率（以 C 计），g/MJ。

4. 温度胁迫因子的估算

温度胁迫因子 $T_{\varepsilon1}(x, t)$反映在低温和高温时植物通过内在生化作用限制光合作用而降低第一性生产力。

$$T_{\varepsilon1}(x, t)=0.8+0.02\times T_{opt}(x)-0.000\,5\times[T_{opt}(x)]^2$$

式中，T_{opt}（x）—— 植物生长的最适温度，定义为某一区域一年内 NDVI 值达到最高时的当月平均气温，℃，当某一月平均温度小于或等于−10℃时，其值取 0；

$T_{\varepsilon2}(x, t)$表示环境温度从最适温度 $T_{opt}(x)$向高温或低温变化时植物光能利用率逐渐变小的趋势，这是因为低温和高温时高的呼吸消耗必将会降低光能利用率，生长在偏离最适温度的条件下，其光能利用率也一定会降低。

$$T_{\varepsilon2}(x, t)=1.184/\{1+\exp[0.2\times(T_{opt}(x)-10-T(x, t))]\}\times 1/\{1+\exp[0.3\times(-T_{opt}(x)-10+T(x, t))]\}$$

当某一月平均温度 $T(x, t)$比最适温度 $T_{opt}(x)$高 10℃或低 13℃时，该月的 $T_{\varepsilon2}(x, t)$值等于月平均温度 $T(x, t)$为最适温度 $T_{opt}(x)$时 $T_{\varepsilon2}(x, t)$值的一半。

5. 水分胁迫因子的估算

水分胁迫因子 $W_\varepsilon(x, t)$反映植物所能利用的有效水分条件对光能利用率的影响，随着环境中有效水分的增加，$W_\varepsilon(x, t)$逐渐增大，它的取值范围为 0.5（在极端干旱条件下）到 1（在非常湿润条件下）。

$$W_\varepsilon(x, t)=0.5+0.5\times \mathrm{EET}(x, t)/\mathrm{EPT}(x, t)$$

式中，EET(x, t) —— 区域实际蒸散量，mm；

EPT(x, t) —— 区域潜在蒸散量，mm。

6. 最大光能利用率的确定

最大光能利用率 ε_{max} 的取值因不同的植被类型而有所不同，在 CASA 模型中全球植被的最大光能利用率（以 C 计）为 0.389 g/MJ。

采用 2016 年 1 月和 7 月 MODIS 卫星的 NDVI 数据产品和反射率数据产品（空间分辨率为 250 m）分别反映广州市冬季和夏季的 NPP 分布和变化情况，以及 MODIS 每 1 km 每 8 d 合成的陆地表面温度（LST）数据产品，并利用气象站点太阳辐射量数据作为遥感估测模型的补充，通过克里金插值得到 250 m 分辨率日照时数数据，以实现 NPP 估算由点向面的推演和扩展。

（四）生态系统质量综合评价

参照《环境影响评价技术导则　生态影响》（HJ 19—2011）推荐的评价方法，并根据评价区实地区域特点，综合采用生产力评价法和植物群落结构特征评价法进行植被现状评价。其中以标定相对生长量、标定相对生物量以及植被覆盖率指数为评价因子，为综合环境质量指标提供生态学评价因子数据，最后得出生态学评价的综合指数，以 P 表示。各评价因子、评价等级和方法分述如下：

1. 生物量及相对生物量

生物量（B_m）是指在一定面积、时间内生活的有机体总量，又称现存量，用 t/（hm^2·a）表示。本区生物量标定值（B_{mo}）参考广东南亚热带各级植被生物量标定值 350 t/（hm^2·a）（管东生，1986；1989）。

相对生物量（P_b）计算公式为

$$P_b = B_m / B_{mo}$$

相对生物量计算后所得结果按表 4-6 中所列等级进行评价。

表 4-6　生物量等级评价

生物量/［t/（hm^2·a）］	相对生物量	等级	评价
≥350	≥1.0	I	好
［280，350）	［0.8，1.0）	II	较好
［140，280）	［0.4，0.8）	III	中
［70，140）	［0.2，0.4）	IV	较差
［35，70）	［0.1，0.2）	V	差
＜35	＜0.1	VI	很差

2. 净初级生产力及相对净初级生产力

净初级生产力（B_a）指单位面积、时间内所产生的有机物质的总量（何勇，2007），用 g/（cm^2·a）表示。本区净初级生产力标定值（B_{ao}）以 2 500 g/（cm^2·a）计。

相对净初级生产力（P_a）计算公式为

$$P_a = B_a / B_{ao}$$

相对净初级生产力计算结果按表 4-7 中所列等级进行评价。

表 4-7　相对净初级生产力等级评价

净初级生产力/［g/（cm²·a）］	相对净初级生产力	等级	评价
≥2 500	≥1.0	Ⅰ	好
［2 000，2 500）	［0.8，1.0）	Ⅱ	较好
［1 500，2 000）	［0.6，0.8）	Ⅲ	中
［1 000，1 500）	［0.4，0.6）	Ⅳ	较差
［500，1 000）	［0.2，0.4）	Ⅴ	差
＜500	＜0.2	Ⅵ	很差

3. 植被覆盖度及植被覆盖度指数

植被覆盖度（V_c）指单位地表面积内植被的垂直投影面积所占百分比，常用%表示。植被覆盖度是许多全球及区域气候数值模型中所需的重要信息，也是描述生态系统的重要基础数据（盖永芹等，2009），在研究地表植被蒸腾和土壤水分蒸发损失总量、光合作用的过程时，植被覆盖度都是作为一个重要的控制因子而存在的（李苗苗，2003）。100%为植被覆盖度标定值（V_{co}）。

植被覆盖度指数（I_c）计算公式为

$$I_c = V_c / V_{co}$$

植被覆盖度指数计算结果按表 4-8 中所列等级进行评价。

表 4-8　植被覆盖度等级评价

植被覆盖度/%	植被覆盖度指数	等级	评价
≥90	≥0.9	Ⅰ	高覆盖度
［80，90）	［0.8，0.9）	Ⅱ	中高覆盖度
［60，80）	［0.6，0.8）	Ⅲ	中覆盖度
［40，60）	［0.4，0.6）	Ⅳ	中低覆盖度
［20，40）	［0.2，0.4）	Ⅴ	低覆盖度
＜20	＜0.2	Ⅵ	极低覆盖度

4. 生态系统综合指标

上述指标（分因子）的平均值，可视为群落的生态重要值。但在评价一个区域时，应把各群落的面积占研究区域总面积的比例作为权重（W_i），得出一个生态系统综合指标（P），为评价区域环境质量提供生态学参数。

$$P=(B_m+P_a+V_c)/3$$

根据亚热带地区的生态环境特征，以实际调查结果与标定值的比例，将上述指标的标定值分为 6 个等级进行评价。生态系统综合指标评价标准见表 4-9。

表 4-9 生态系统综合指标评价标准

评价方法	生态系统综合指标	等级	评价
$P=(B_m+P_a+V_c)/3$	≥0.97	I	优
	[0.8，0.97)	II	良
	[0.53，0.8)	III	中
	[0.33，0.53)	IV	较差
	[0.16，0.33)	V	差
	<0.16	VI	极差

二、研究结果

（一）生物量

广州市生物量空间分布总体上呈北部高、南部低的特征，其中，北部的增城区、从化区生物量相对较高，而中部的白云区、天河区、越秀区、荔湾区以及南部的番禺区、南沙区生物量则相对较低。这与广州市北部林地面积大、分布广，而中南部地区城镇用地和农田占比较大的现状有一定关系。广州市生物量为 14.05～350.56 t/ [$hm^2 \cdot a$]，具体分布见图 4-3。

（二）植被覆盖度

广州市植被覆盖度空间分布总体上呈北高南低的格局，其中北部和中心城区差异明显，高植被覆盖度地区（植被覆盖度指数≥0.6）主要分布于增城区和从化区，这与该地区林地面积大、分布广密切相关，而低植被覆盖度地区（植被覆盖度指数<0.2）主要分布于中心城区，尤其是天河区、越秀区、荔湾区等，主要原因是这些地区城市化发展速度较快，城镇用地和农田面积占据了绝对比例，所以植被覆盖度相对偏低。广州市植被覆盖度分布见图 4-4。

韶关市

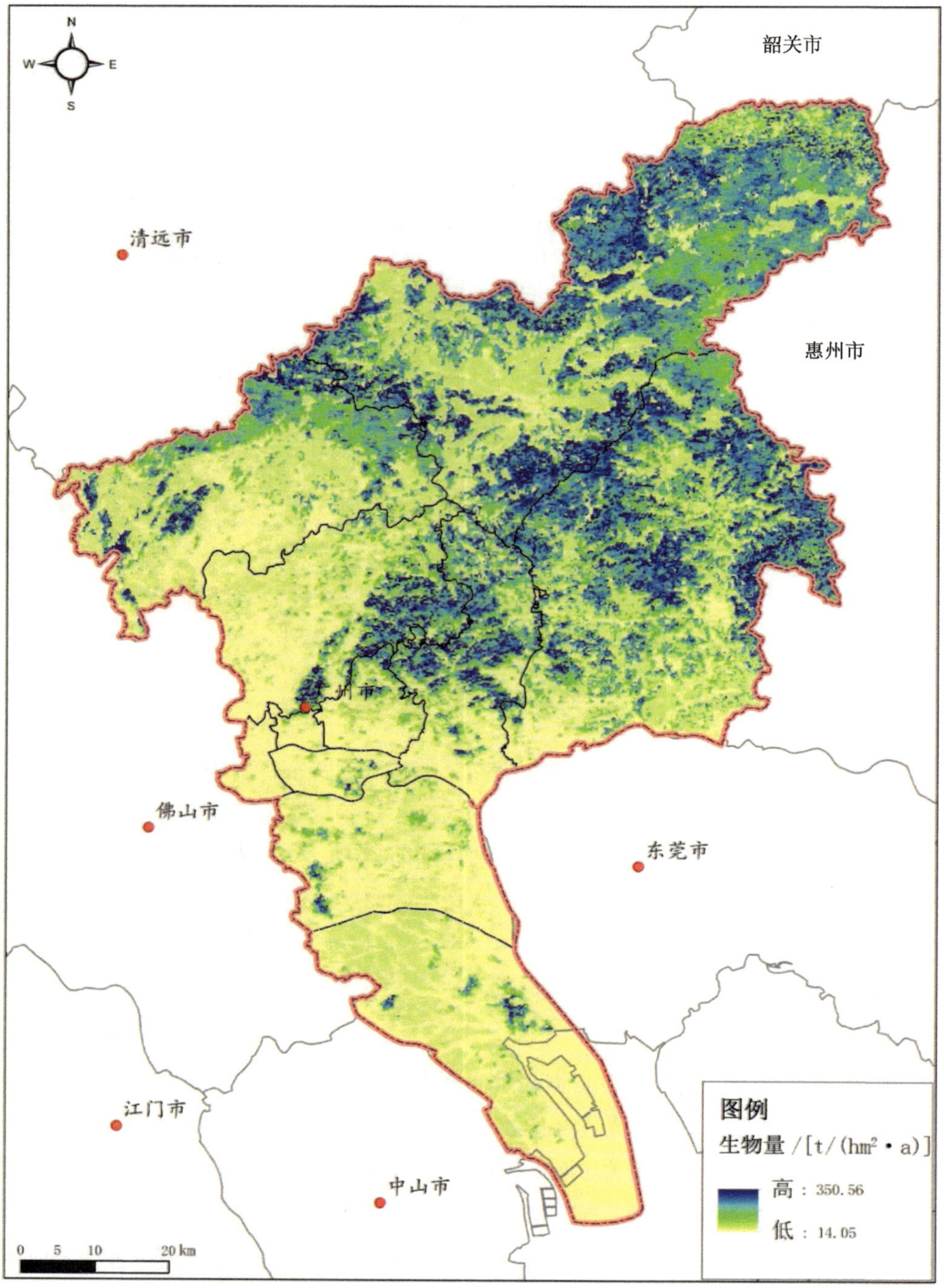

图 4-3　广州市生物量分布

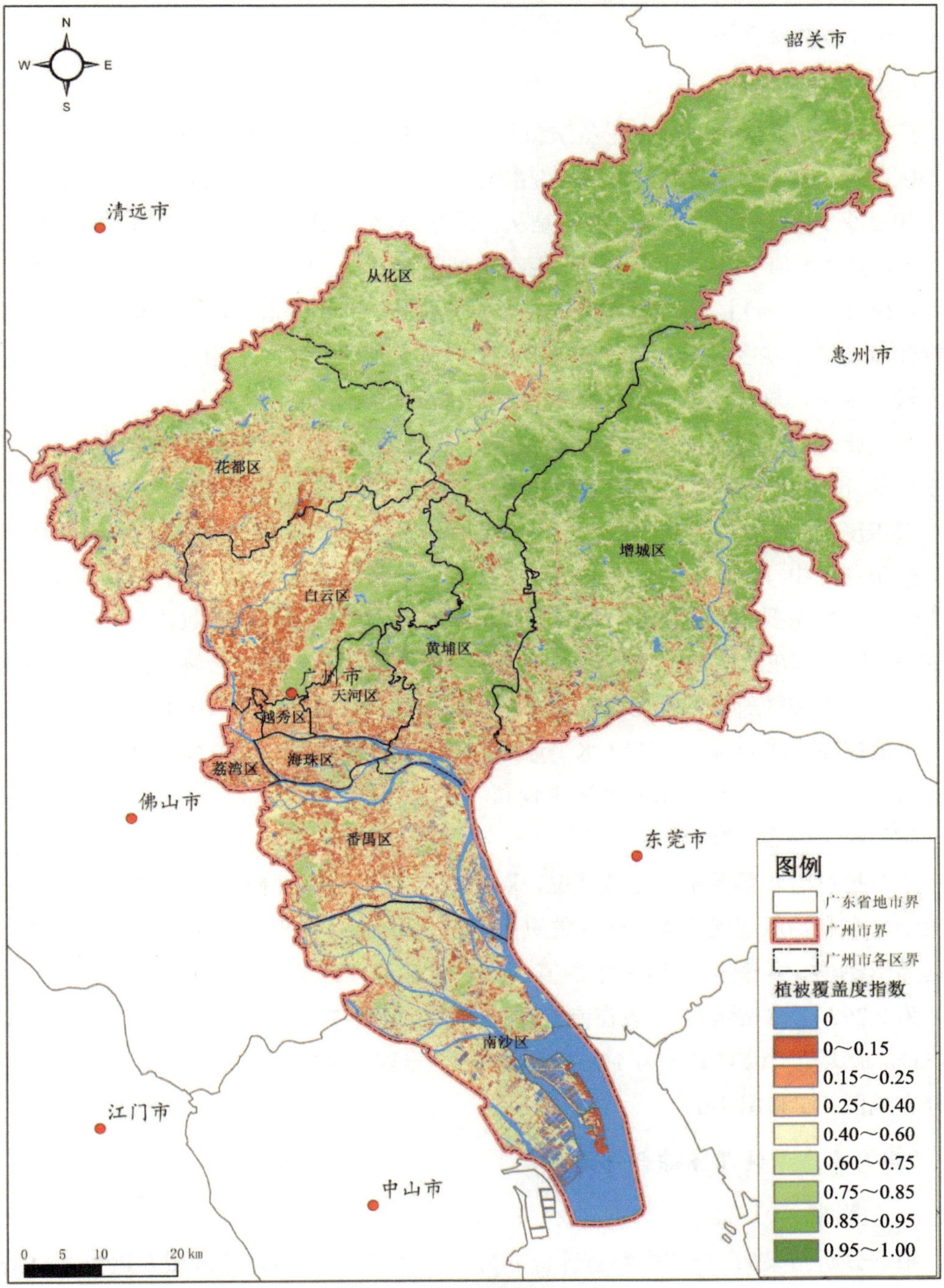

图 4-4　广州市植被覆盖度分布

（三）初级生产力

（1）空间分布特征

广州市 NPP 的空间分布在冬季和夏季均呈北部高、南部低的特征，北部从化区、花都区和增城区 NPP 相对较高，中部越秀区、荔湾区、天河区和海珠区 NPP 相对较低。冬季和夏季 NPP 平均值（以 C 计）均是从化区最高，分别为 731.55 g/（$m^2 \cdot a$）和 1 716.51 g/（$m^2 \cdot a$），但最大值（以 C 计）分别出现在增城区［冬季，1 067 g/（$m^2 \cdot a$）］和南沙区［夏季，2 292 g/（$m^2 \cdot a$）］。荔湾区的 NPP 在冬季和夏季的平均值和最大值均为全市最低。值得注意的是南沙区冬季和夏季的 NPP 平均值在全市所有区中相对较低，但最大值却属于较高水平，这与南沙区辖区范围内包括部分海域有关。

不同土地利用类型的 NPP 有较大差异，林地的 NPP 要大于草地和耕地，建设用地和水域的 NPP 最小。从化区北部生态系统相对完整，植被类型较多，森林资源丰富，植被覆盖度高，在较好的水热条件下对光能有较强的吸收和利用，因此，固碳能力显著，在广州市各区中 NPP 水平最高。从化区南部、花都区、增城区，地势较为平坦，广州市主要的耕地主要分布于这个区域，耕地作物对太阳有效辐射的吸收比例相对来说不如森林高，因此，在此区域景观条件下通过光合作用转化为碳水化合物的总量也处在中等水平。中部主城区所在的荔湾区、越秀区、天河区、黄埔区、白云区和番禺区主要是建成区，植被绿地较为稀疏，NPP 水平最低。南部南沙区水网密布，NPP 水平也较低；但部分山头生态保护较好，NPP 水平也较高。

（2）季节分布特征

季节控制着物候及植被生长状况，夏季水热条件理想、降水充沛，对植物进行光合作用十分有利，从而促进固碳作用的进行。广州市各区 NPP 的平均值和最大值都是夏季远高于冬季。夏季全市 NPP 平均值（以 C 计）为 1 325.74 g/（$m^2 \cdot a$），最大值（以 C 计）为 2 292 g/（$m^2 \cdot a$），出现在南沙区；冬季全市 NPP 平均值（以 C 计）为 545.58 g/（$m^2 \cdot a$），最大值（以 C 计）为 1 067 g/（$m^2 \cdot a$），出现在增城区。广州夏季和冬季 NPP 空间分布见图 4-5 和图 4-6。

（四）生态系统质量综合评价

1. 生物量

根据分析结果，广州市生物量评价分为 6 个级别，评价为好的区域面积为 1.44 km^2，占总面积的 0.02%；评价为较好的区域面积为 2.14 km^2，占总面积的 0.03%；评价为中的区域面积为 29.09 km^2，占总面积的 0.39%；评价为较差的区域面积为 451.71 km^2，占总面积的 6.08%；评价为差的区域面积为 1 335.05 km^2，占总面积的 17.96%；评价为很差的区域面积为 5 614.57 km^2，占总面积的 75.52%。

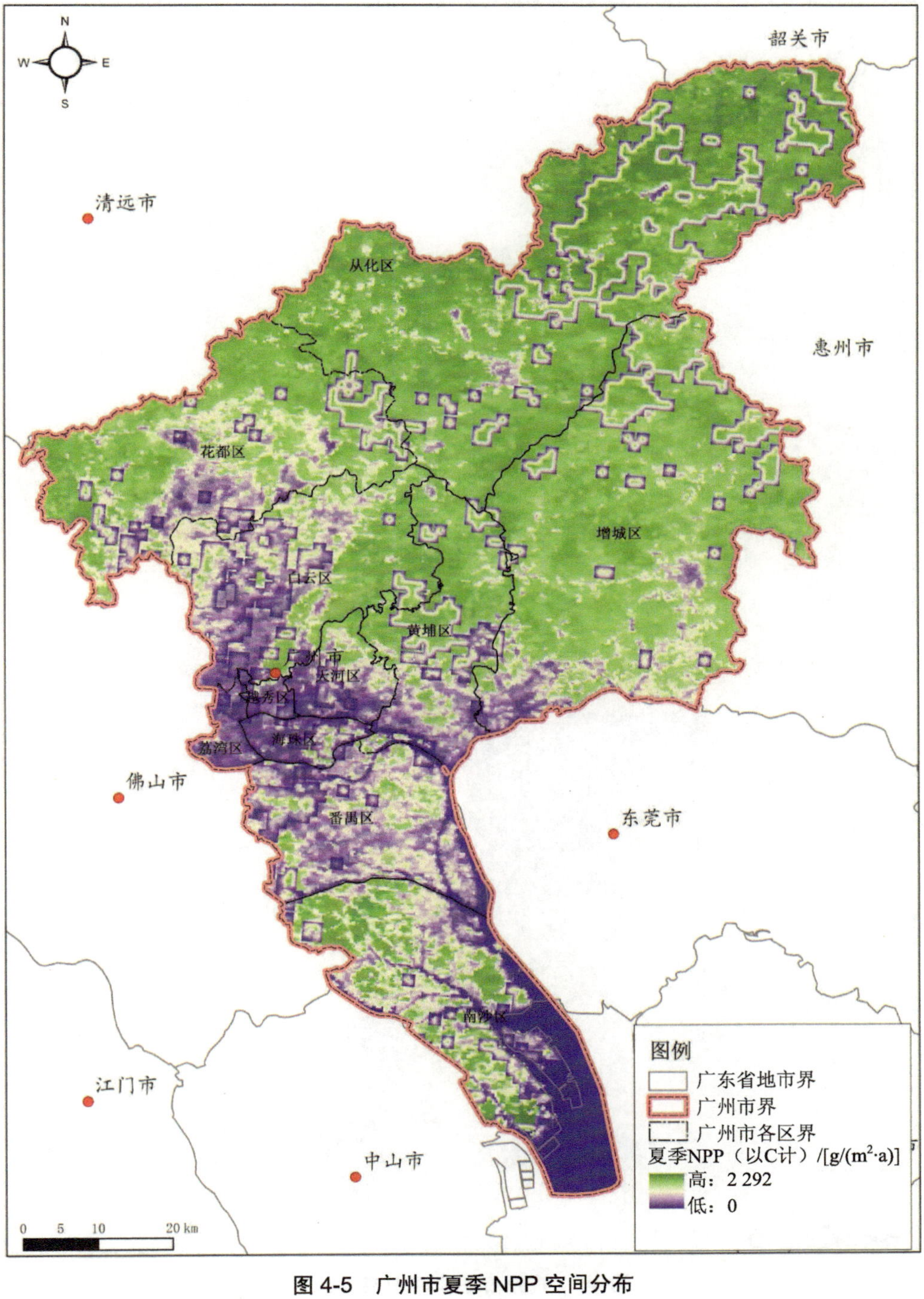

图 4-5　广州市夏季 NPP 空间分布

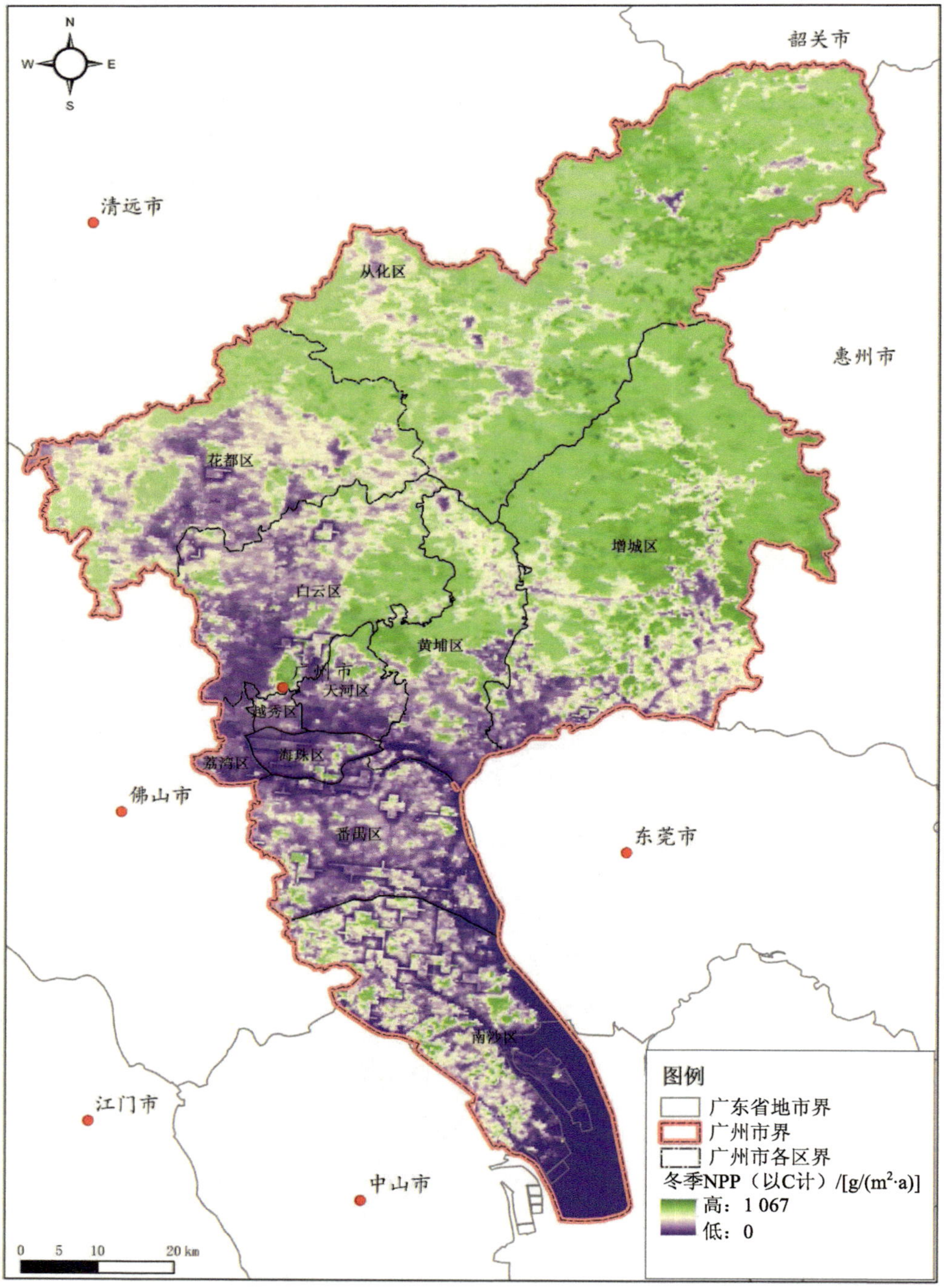

图 4-6 广州市冬季 NPP 空间分布

2. 初级净生产力

广州市初级净生产力评价分为 5 个级别，相对初级净生产力为较好的区域面积为 483.63 km^2，占总面积的 6.51%；相对初级净生产力为中的区域面积为 3 621.60 km^2，占总面积的 48.72%；相对初级净生产力为较差的区域面积为 920.95 km^2，占总面积的 12.39%；相对初级净生产力为差的区域面积为 1 091.14 km^2，占总面积的 14.68%；相对初级净生产力为很差的区域面积为 1 316.68 km^2，占总面积的 17.71%。

3. 植被覆盖度

广州市植被覆盖度评价分为 6 个级别，高覆盖度区域面积为 183.08 km^2，占总面积的 2.46%；中高覆盖度区域面积为 2 302.79 km^2，占总面积的 30.97%；中覆盖度区域面积为 1 742.22 km^2，占总面积的 23.44%；中低覆盖度区域面积为 988.32 km^2，占总面积的 13.29%；低覆盖度区域面积为 963.82 km^2，占总面积的 12.96%；极低覆盖度区域面积为 1 253.78 km^2，占总面积的 16.87%。

4. 综合评价

广州市生态系统质量综合评价共分为 6 级，其中评价为优的区域面积为 0.19 km^2，占总面积的 0.003%；评价为良的区域面积为 43.98 km^2，占总面积的 0.59%；评价为中的区域面积为 1 565.48 km^2，占总面积的 21.06%；评价为较差的区域面积为 2 821.95 km^2，占总面积的 37.96%；评价为差的区域面积为 2 037.07 km^2，占总面积的 27.40%；评价为极差的区域面积为 965.33 km^2，占总面积的 12.99%。

第五节 生态敏感性分析

一、研究方法

参照《生态保护红线划定技术指南》，选择土地利用、植被、高程、坡度、水文 5 个方面的因子，进行广州市生态敏感性分析。

（一）土地利用因子

以土地利用分类结果为基础数据，使用 ArcGIS 软件并按照高程因子敏感性分级表进行重分类，得到土地利用因子敏感性分级图。土地利用因子敏感性分级详见表 4-10。

（二）植被因子

NDVI 是反映植被覆盖和长势最常用的指标，可利用遥感影像的近红外与红光波段反射值之差与两者之和的比值进行计算。根据 NDVI 指数分析结果绘制植被因子敏感性分级图，分级区间详见表 4-11。

表 4-10　土地利用因子敏感性分级

土地利用分类	敏感性分级	评价值
城镇用地、未利用地	不敏感	1
农田、草地	轻度敏感	2
园地	中度敏感	3
天然牧草地	高度敏感	4
水域、林地	极敏感	5

表 4-11　植被因子敏感性分级

取值区间	敏感性分级	评价值
NDVI≤0	不敏感	1
0＜NDVI≤0.1	轻度敏感	2
0.1＜NDVI≤0.3	中度敏感	3
0.3＜NDVI≤0.4	高度敏感	4
NDVI＞0.4	极敏感	5

（三）高程因子

以 DEM 为基础数据，使用 ArcGIS 软件的空间分析工具绘制广州市地形地貌和高程图，绘制高程因子敏感性分级图，分级区间详见表 4-12。

表 4-12　高程因子敏感性分级

取值区间	敏感性分级	评价值
海拔≤25 m	不敏感	1
25 m＜海拔≤100 m	轻度敏感	2
100 m＜海拔≤200 m	中度敏感	3
200 m＜海拔≤300 m	高度敏感	4
海拔＞300 m	极敏感	5

（四）坡度因子

以 DEM 为基础数据，使用 ArcGIS 软件中空间分析模块的坡度分析工具分析地面坡度分布情况，绘制坡度因子敏感性分级图，分级区间详见表 4-13。

表 4-13 坡度因子敏感性分级

取值区间	敏感性分级	评价值
坡度≤5°	不敏感	1
5°<坡度≤15°	轻度敏感	2
15°<坡度≤25°	中度敏感	3
25°<坡度≤35°	高度敏感	4
坡度>35°	极敏感	5

（五）水文因子

在 ArcGIS 软件中使用水域缓冲区分析方法，根据研究区域与水域的距离进行分级，绘制水文因子敏感性分级图，分级区间见表 4-14。

表 4-14 水文因子敏感性分级

取值区间	敏感性分级	评价值
距离>2 000 m	不敏感	1
1 000 m<距离≤2 000 m	轻度敏感	2
500 m<距离≤1 000 m	中度敏感	3
200 m<距离≤500 m	高度敏感	4
距离≤200 m	极敏感	5

（六）生态敏感性综合分析

综合上述人为因素（土地利用因子）和自然因素（植被因子、高程因子、坡度因子、水文因子），按 1∶1∶1∶1∶1 的权重，计算综合生态敏感性。结果分为“不敏感”“轻度敏感”“中度敏感”“高度敏感”“极敏感”，共 5 级。

二、研究结果

（一）土地利用因子

广州市土地利用因子可分为 4 个级别，分别为“不敏感”“轻度敏感”“中度敏感”“极敏感”，其对应的区域面积分别为 2 468.46 km^2、1 222.23 km^2、1 163.02 km^2 和 2 580.30 km^2，分别占总面积的 33.20%、16.44%、15.64%、34.71%；无“高度敏感”区域。土地利用因子分级结果见图 4-7。

（二）植被因子

根据全市 NDVI 指数概况，将广州市植被因子分成 5 个级别，以“极敏感”区域为主，面积为 5 216.76 km^2，占全市总面积的 70.17%；其次为“不敏感”区域，面积为 952.53 km^2，占 12.81%；“中度敏感”和“高度敏感”区域面积较接近，分别为 548.18 km^2、472.44 km^2，各占 7.37%和 6.36%；“轻度敏感”区域面积为 244.09 km^2，占 3.28%。植被因子分级结果见图 4-8。

（三）高程因子

广州市最高海拔为 1 168 m，最大相对高差为 1 225 m，中部和南部地区地势相对较低，北部和东北部地区海拔较高。全市高程因子可分为 5 级，“不敏感”区域面积为 3 591.2 km^2，占总面积的 48.31%；“轻度敏感”区域面积为 1 719.52 km^2，占 23.13%；“中度敏感”区域面积为 772.13 km^2，占 10.39%；“高度敏感”区域面积为 532.44 km^2，占 7.16%；“极敏感”区域面积为 818.71 km^2，占 11.01%。高程因子分级结果见图 4-9。

（四）坡度因子

广州市大部分地区地势较平坦，地形地貌以平地为主，陡坡主要分布在北部山区地带。按坡度因子分级，全市以“不敏感”区域为主，面积约为 4 267.19 km^2，占总面积的 57.40%；“轻度敏感”区域面积为 1 985.30 km^2，占 26.71%；“中度敏感”区域面积为 956.15 km^2，占 12.86%；“高度敏感”区域面积为 204.31 km^2，占 2.75%；“极敏感”区域面积为 21.05 km^2，占 0.28%。坡度因子分级结果见图 4-10。

（五）水文因子

全市水文因子分为 5 个级别，其中“轻度敏感”“中度敏感”“高度敏感”“极敏感”区域面积接近，为 1 546.22～1 701.94 km^2，占全市总面积的 20.80%～22.89%，“不敏感”区域面积为 875.10 km^2，约占 11.77%。水文因子分级结果见图 4-11。

（六）生态敏感性综合分析

根据分析结果，广州市“中度敏感”区域面积最大，为 3 792.26 km^2，占全市总面积的 51.01%；其次为“轻度敏感”区域，面积为 2 662.62 km^2，比例达 35.82%；“高度敏感”区域面积为 920.71 km^2，比例约为 12.39%；“不敏感”区域和“极敏感”区域面积分别为 37.86 km^{2}和 20.55 km^2，各占 0.51%和 0.28%。生态敏感性综合评价结果详见图 4-12。

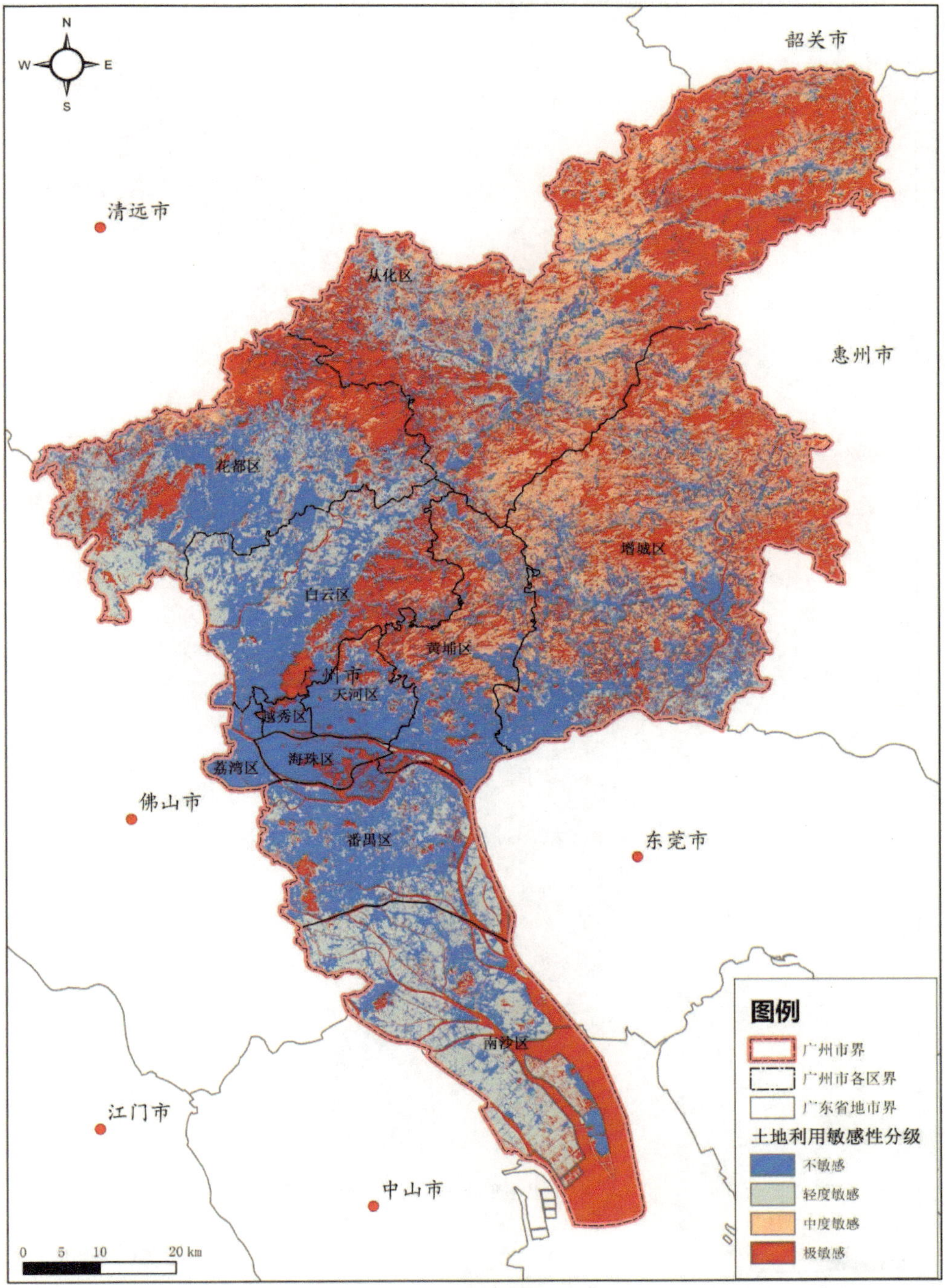

图 4-7　广州市土地利用敏感性分级

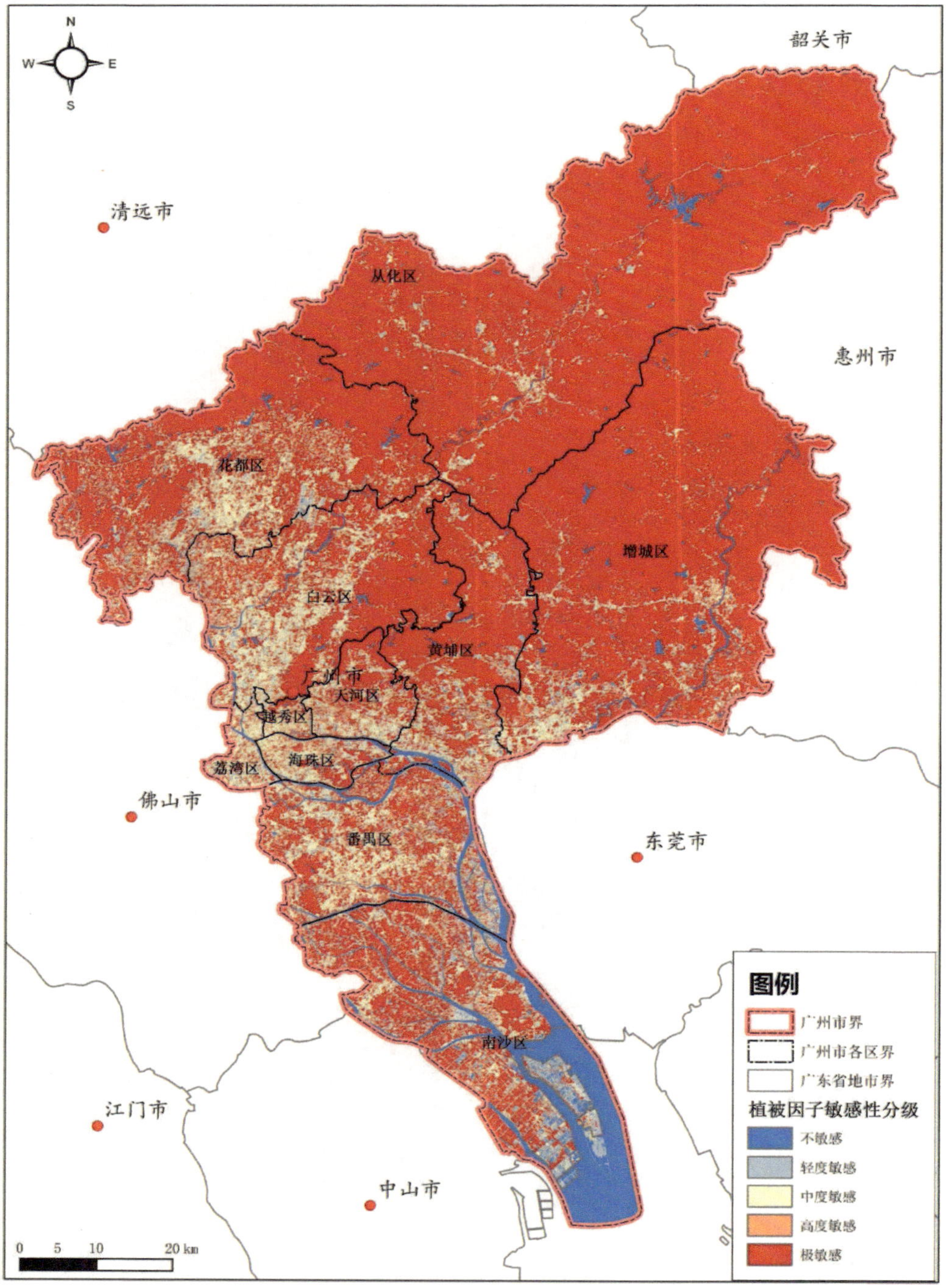

图 4-8　广州市植被因子敏感性分级

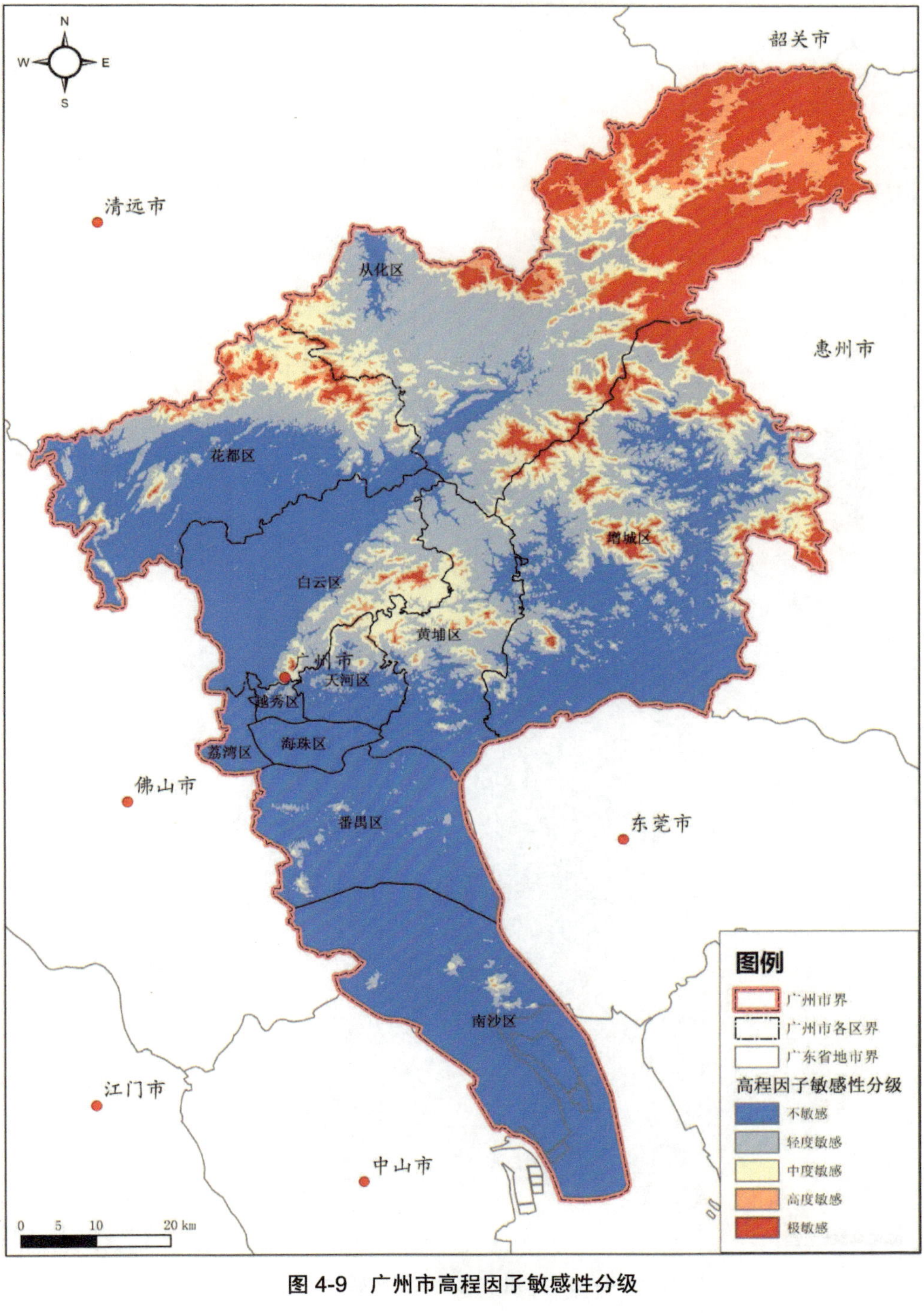

图 4-9　广州市高程因子敏感性分级

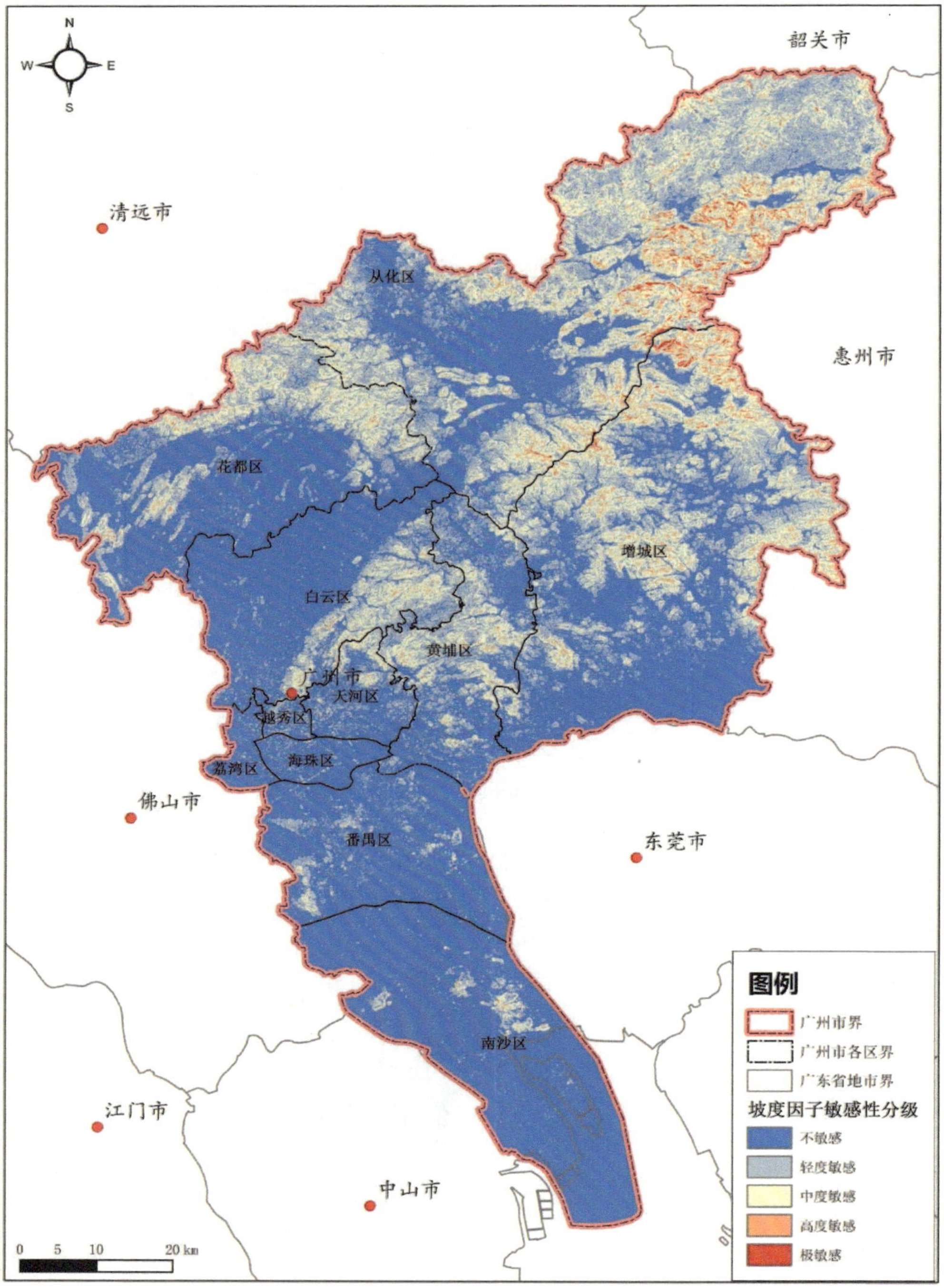

图 4-10　广州市坡度因子敏感性分级

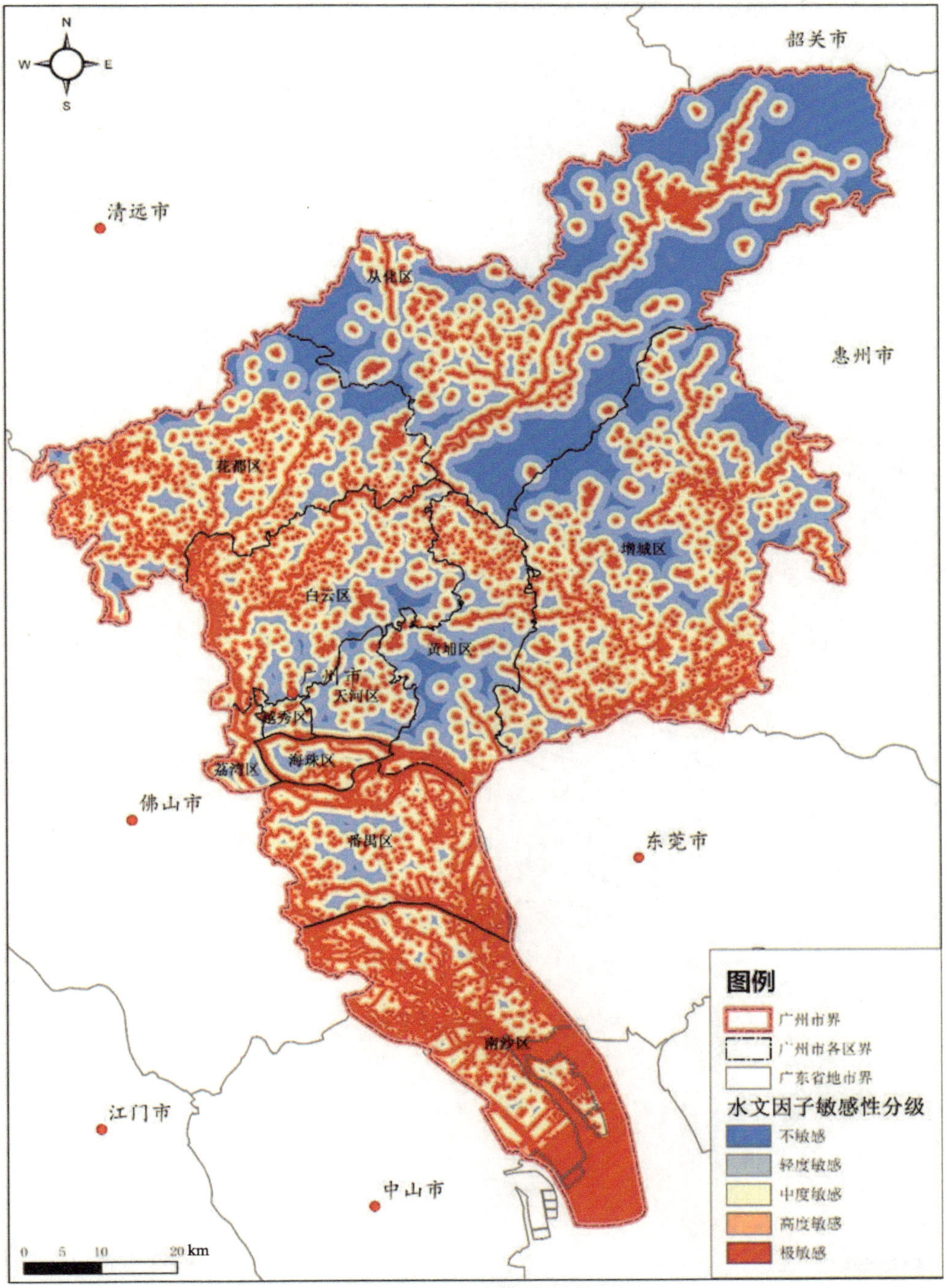

图 4-11　广州市水文因子敏感性分级

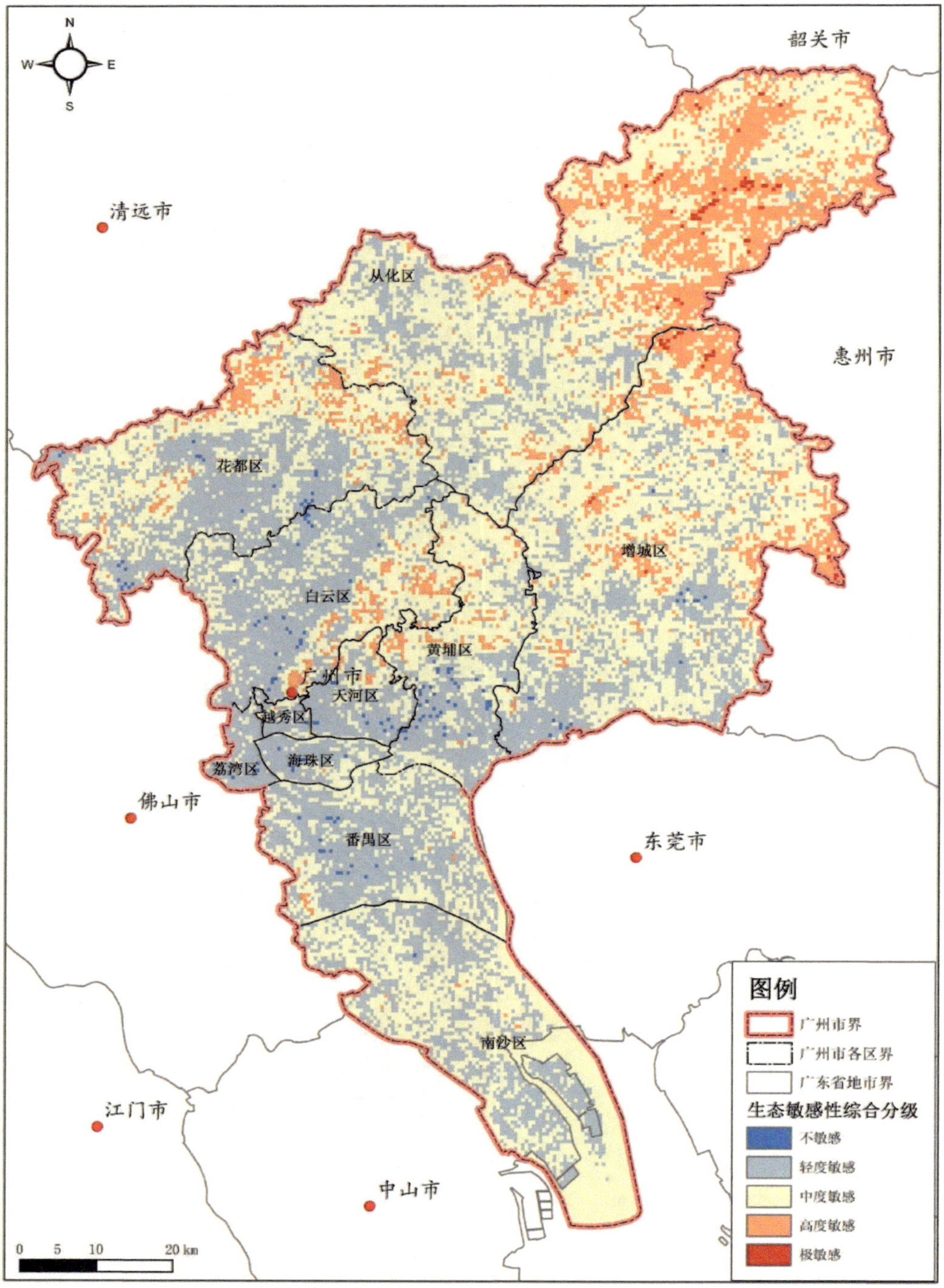

图 4-12　广州市生态敏感性综合评价分级

第六节　土壤侵蚀分析

一、研究方法

利用广州市数字地形图进行地形坡度分析，获取地形坡度图；利用遥感影像，进行广州市土地利用调查，获得土地利用类型图和植被覆盖度图。以土地利用图斑为单元，根据《土壤侵蚀分类分级标准》（SL 190—2007），进行水土流失类型及强度分级，获得广州市土壤侵蚀的类型、强度和空间分布数据（刘超群等，2013）。

（一）地形坡度因子

水土流失现象的发生及水土流失强度状况与地形坡度因子密切相关。通常情况下，地形越陡峭，水土流失强度越高，地形越平缓，水土流失强度越低，当地形坡度不大于5°时，一般认为没有自然水土流失发生。

（二）植被覆盖度

植被因子是水土流失强度的重要影响因子，在水土流失调查中，通常用植被覆盖度表示植被因子。林草地植被覆盖度高，则水土流失强度低，反之，林草地植被覆盖度低，则水土流失强度高。

广州市位于亚热带季风气候区，年均气温高、降水量大，全年雨热同期，水热条件好，利于植物生长，区内植被类型丰富多样，林草地植被茂盛。林草地良好的植被状况有效地保护着地表的水土资源，防止面蚀、沟蚀等自然水土流失现象的发生。

（三）土地利用现状

从不同地类对水土流失的影响来看，建设用地、未利用地（裸地）等低覆盖度林草地是导致水土流失的主要土地利用方式，而水田和水域范围内水土流失轻微。建设用地由于工程建设活动，造成了大范围的土地扰动、土石方挖填和弃土、弃渣现象，加上水土保持防护措施不能及时到位，造成了大量的水土流失，因生产建设活动造成的人为水土流失是广州市水土流失的主要形式。

（四）土壤侵蚀分级标准

土壤侵蚀分为轻度、中度、强度、极强度、剧烈，共5级，不同坡度面蚀分级标准详见表4-15。

表 4-15 不同坡度面蚀分级标准

林草覆盖率/%	坡度 5°～8°	坡度 8°～15°	坡度 15°～25°	坡度 25°～35°	坡度＞35°
60～75	轻度	轻度	轻度	中度	中度
45～60	轻度	轻度	中度	中度	强度
30～45	轻度	中度	中度	强度	极强度
＜30	中度	中度	强度	极强度	剧烈
坡耕地	轻度	中度	强度	极强度	剧烈

二、研究结果

（一）广州市土壤侵蚀分析

广州市土壤侵蚀程度以“微度”（坡度小于 5°）为主，其他侵蚀程度占比很小。其中，“微度”侵蚀区域占全市总面积的 92.751%；“轻度”侵蚀区域占全市的 6.162%，“中度”侵蚀区域较小，且主要集中于增城区、从化区、黄埔区、白云区和花都区的山地林区地带。“中度”侵蚀区域常伴有零星的“强度”乃至“剧烈”侵蚀区域。整体而言，广州市土壤侵蚀程度不高，以“微度”为主，城镇地区土壤侵蚀程度低于山地林区地带，主要与城镇地区建设用地较多、硬底化程度高有关。

（二）广州市各区土壤侵蚀分析

各区土壤侵蚀程度均以“微度”为主，“轻度”“中度”土壤侵蚀区域相对较少。就“轻度”“中度”土壤侵蚀区域而言，天河区主要呈带状分布于南部山地，呈点状分布于东部和北部；白云区集中在东部山地地带，另有少量点状分布于中西部地区；黄埔区由南到北集中分布于山地；花都区主要分布于北部、东部和西部的山地；南沙区集中分布于东部；增城区集中分布于北部及中部；从化区分布于北部和中部山区。

广州市及各区土壤侵蚀分级结果详见表 4-16 和图 4-13。

表 4-16 广州市及各区土壤侵蚀程度分析

强度	1. 广州市		2. 荔湾区		3. 越秀区		4. 海珠区		5. 天河区		6. 白云区	
	面积/km^2	比例/%	面积/km^2	比例/%	面积/km^2	比例/%	面积/km^2	比例/%	面积/km^2	比例/%	面积/km^2	比例/%
微度	6 895.080	92.751	58.204	98.483	29.618	87.626	88.187	97.552	86.295	89.582	737.182	92.635
轻度	458.090	6.162	0.814	1.377	3.652	10.806	1.997	2.209	8.650	8.979	48.604	6.108
中度	69.110	0.930	0.083	0.140	0.522	1.544	0.212	0.234	1.256	1.304	8.744	1.099
强度	11.050	0.149	0	0	0.008	0.024	0.005	0.005	0.130	0.135	1.209	0.152
极强度	0.640	0.009	0	0	0	0	0	0	0	—	0.051	0.006
剧烈	0.030	0.0004	0.000	0	0	0	0	0	0	—	0	0
合计	7 473	100.000	59.1	100.000	33.8	100.000	90.4	100.000	96.33	100.000	795.79	100.000

强度	7. 黄埔区		8. 番禺区		9. 花都区		10. 南沙区		11. 增城区		12. 从化区	
	面积/km^2	比例/%	面积/km^2	比例/%	面积/km^2	比例/%	面积/km^2	比例/%	面积/km^2	比例/%	面积/km^2	比例/%
微度	438.051	90.475	753.920	95.900	867.516	89.431	510.242	96.701	1 474.589	91.223	1 801.194	91.223
轻度	37.403	7.725	27.470	3.494	87.329	9.003	14.366	2.723	121.683	7.528	148.634	7.528
中度	7.153	1.477	4.478	0.570	12.777	1.317	2.545	0.482	17.082	1.057	20.866	1.057
强度	1.426	0.295	0.282	0.036	2.277	0.235	0.424	0.080	3.012	0.186	3.680	0.186
极强度	0.137	0.028	0	0	0.132	0.014	0.071	0.013	0.099	0.006	0.121	0.006
剧烈	0.000	0	0	0	0.009	0.001	0.003	0.001	0.004	0.000 3	0.005	0.000 3
合计	484.17	100.000	786.15	100.000	970.04	100.000	527.65	100.000	1 616.47	100.000	1 974.5	100.000

图 4-13 广州市土壤侵蚀现状

第七节 城市热岛效应分析

一、研究方法

遥感影像数据及其处理方法与土地利用类型一致。将影像预处理后，选用近红外波段数据进行温度反演，得到广州市地表温度数据。

为方便热岛效应对比分析，采用热岛强度进行分析，热岛强度计算公式如下（沈德才等，2014）：

$$HI = \frac{TB - TB_{mean}}{TB_{mean}}$$

式中，HI —— 热岛强度；

TB —— 地表温度；

TB_{mean} —— 当天的地表平均温度。

根据获得的热岛强度值，运用 ENVI 软件将地温分成 7 个等级，分别为强绿岛（HI：−0.32～−0.22）、中绿岛（HI：−0.22～−0.12）、弱绿岛（HI：−0.12～−0.02）、弱热岛（HI：−0.02～0.08）、中热岛（HI：0.08～0.18）、强热岛（HI：0.18～0.28）和极强热岛（HI：0.28～0.38）。

二、结果分析

根据评价结果，广州市城市热岛强度以“中热岛”和“强热岛”为主。热岛强度较高的区域主要集中在中部地区和南部地区，东北部地区热岛强度相对较低。绿岛区域主要分布于北部山地丘陵地带，其中“强绿岛”区域主要集中于东北部森林分布较为集中的区域，“中绿岛”区域为珠江水系。热岛区域主要集中在城镇地区，其中“极强热岛”区域在中心城区的分布最为明显，“强热岛”区域则集中分布于白云区、黄埔区、南沙区，“中热岛”区域多分布于从化区南部。全市热岛强度分析结果见表 4-17 和图 4-14。

表 4-17 广州市 2016 年各热岛强度区的面积和比例

热岛强度	面积/km^2	比例/%
强绿岛	85.36	1.15
中绿岛	668.75	9.00
弱绿岛	914.01	12.30
弱热岛	1 273.12	17.13
中热岛	1 657.05	22.29
强热岛	1 602.73	21.56
极强热岛	1 232.97	16.59

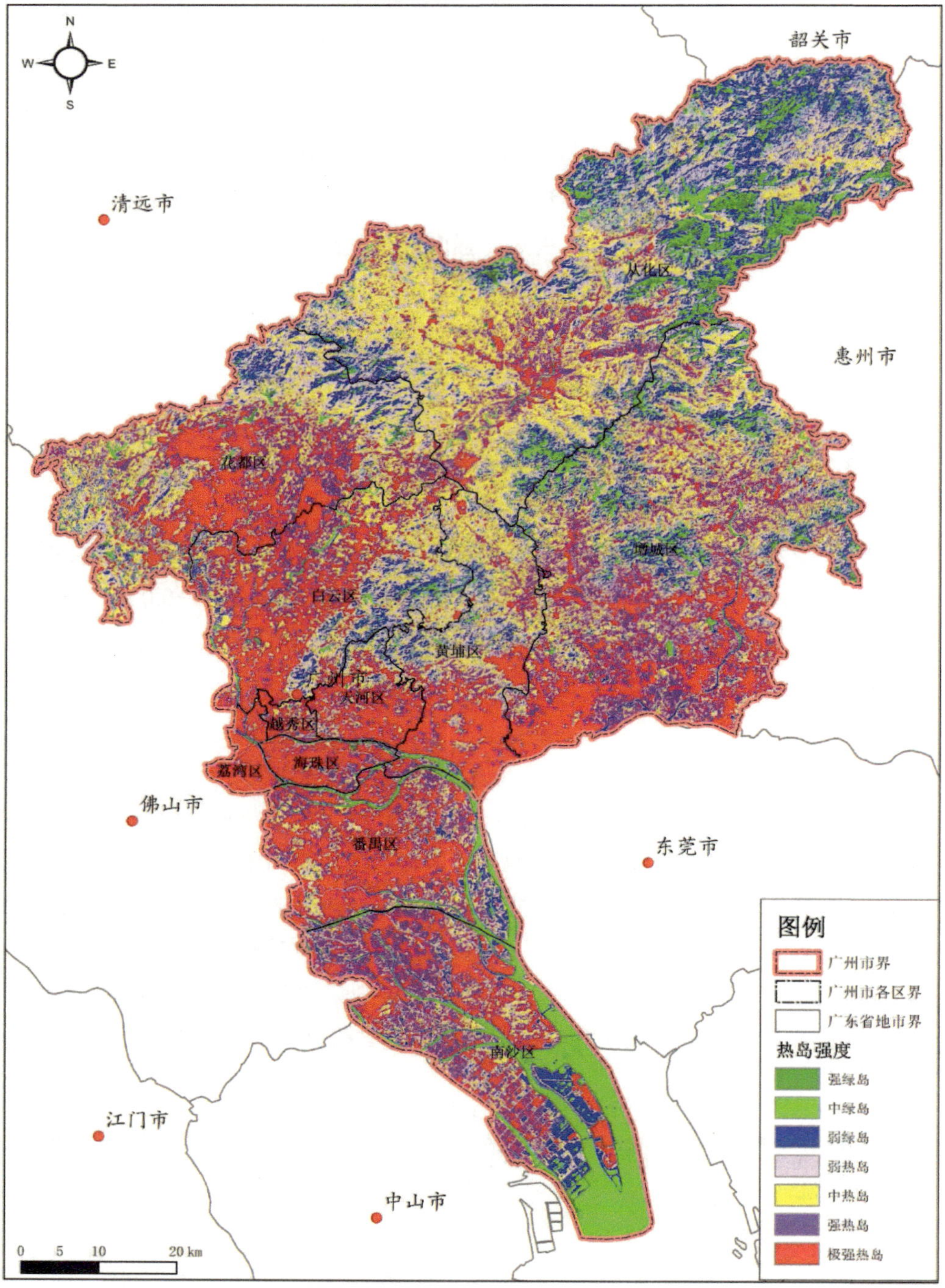

图 4-14 广州市 2016 年热岛强度分布

第五章

生态质量评价

第一节　研究进展

一、国家相关技术规范

为指导生态功能分区、划定生态保护红线，我国陆续发布《生态功能区划技术暂行规程》（环发〔2002〕117 号）、《生态功能分区技术规范（征求意见稿）》（环办函〔2014〕572 号）、《生态保护红线划定指南》（环办生态〔2017〕48 号）等技术规范，其中提供了生态系统重要性和敏感性的评价方法。《生态风险评价导则》（SL/Z 467—2009）、《区域生物多样性评价标准》（HJ 623—2011）主要用于评价区域生物多样性和生态风险。

基于生态系统服务功能和生态效益评价，国家林业局先后发布了《森林生态系统服务功能评估规范》（LY/T 1721—2008）[2020 年 3 月修订为《森林生态系统服务功能评估规范》（GB/T 38582—2020）]、《防护林体系生态效益评价规程》（LY/T 2093—2013）、《森林资源资产评估技术规范》（LY/T 2407—2015）、《退耕还林工程生态效益监测与评估规范》（LY/T 2573—2016）、《自然资源（森林）资产评价技术规范》（LY/T 2735—2016）、《湿地生态系统服务评估规范》（LYT 2899—2017）。

此外，我国发布了不同法定保护区类的生态质量评价方法。《自然保护区自然生态质量评价技术规程（LY/T 1813—2009)》确定了森林生态系统、湿地生态系统、荒漠生态系统、野生动物、野生植物类型自然保护区的生态质量评价技术。《旅游资源分类、调查与评价》（GB/T 18972—2003）多用于评价风景名胜区，重点关注旅游环境容量、环境承载力等内容，大多从定性评价和定量评价两个方面对旅游资源进行综合性评估（李芳洁，2011）。《重要湿地监测指标体系》（GB/T 27648—2011）、《国家湿地公园评估标准》（LY/T 1754—2008）一般用于评价湿地公园或重要湿地生态质量，分为生态系统、环境质量、景观、基础设施、管理 5 个方面。

二、区域生态质量评价研究进展

目前已有部分区域开展了生态质量评价研究工作。江振蓝（2004）选择植被指数、地表温度指数、湿度指数、土壤指数，采用线性回归法计算各因子权重，构建福州市生态遥感综合评价模型。张春桂（2010）选用大气阻抗植被指数（ARVI）、湿度指数（NDMI）、土壤亮度指数（NDSI）、地表温度指数（TI）、高程（DH）、坡度（DS）、年平均气温（YT）、年降水量（YR）、年蒸发量（YE）和年湿润指数（YW）10 项指标，采用 SPSS 进行多元线性回归建立生态环境质量监测模型，按 5 个等级，对福建省闽江、晋江、九龙江流域 2001—2007 年生态质量进行分级评价。宋挺（2014）利用 ETM+遥感数据和 DEM 数据提取生态因子，采用生态因子赋权的方式，选取植被覆盖度、裸土植被指数、坡度指数，对无锡市 2004—2013 年生态质量进行评价分析。徐涵秋（2013）提出生态指数 RSEI，即以湿度指数、植被指数、地表温度指数、不透水面积指数 4 个指标，构建了遥感生态评价模型，对福州市生态质量进行综合评价；该模型已广泛应用于厦门岛、敖江流域、常宁市和福建莆田等区域的生态环境质量研究（徐涵秋，2015；王俊祺，2014；罗春，2014；林铎，2014）。张琳姗（2017）基于“3S”技术，选取土地覆盖、植被覆盖度和海拔高程 3 项因子，对德阳市生态质量进行综合评价。罗海江等（2008；2010）以 SPOT 卫星的 VEGETATION 数据为数据源，分别从生态系统的生产力和服务功能的稳定性角度入手客观评价、分析我国 1998—2004 年的生态系统质量变化情况。

上述研究中，一般通过遥感解译方法获取植被指数、地表温度指数、湿度指数、土壤指数、高程、坡度等数据，对区域生态质量进行综合评价，其他研究则侧重植被状况、土地利用类型、景观生态等方面。孟岩（2008）等利用 MODIS 遥感影像数据，获取区域土地利用/覆被信息，计算提取各类生态环境指数，最后综合构建生态环境状况的生态系统质量指数（EI），对山东省的生态环境状况进行定量评价。王静（2017）基于遥感技术，选择植被覆盖度、生物量、植被面积百分比、人工表面比例及植被破碎化指数等定量指标，并进行主成分分析，构建出京津冀地区生态质量定量评价模型，评价了 2000—2010 年京津冀地区整体生态质量变化趋势，其中植被覆盖度和生物量密度两个指标表征生态系统的生产能力，植被面积百分比和植被破碎化指数描述生态系统的自身质量及稳定性，人工表面面积指标反映生态系统受到的人类干扰程度。刘建（2016）从生态系统生产力指数（NDVI）、稳定性指标（景观破碎指数、景观连通指数和景观多样性指数以及 NDVI 变异系数）、生态系统胁迫指数（气温、降水、土壤侵蚀敏感性、灯光指数、人类干扰指数和土地垦殖系数）3 个指标层，采用 AHP 法和熵值权重法确定评价指标权重，选择了构建区域生态系统质量评价指数，对 2000—2010 年重庆市生态系统质量进行了研究。

综上，生态质量评价多采用遥感解译法，选取植被指数、土壤指数、地表温度指数、湿度指数等方面，基于主成分分析方法，构建综合评价指标体系，其中生态指数 RSEI 法运用较为广泛。

第二节 研究方法

一、评价指标构建

参考国家相关规范和国内外相关研究，根据各指标的相关性，经专家咨询，最终选用生态资源、生态结构、生态质量 3 大要素层共 9 项指标，构建生态质量评价指标体系。生态资源选取风水林面积占比、生态保护区面积占比 2 项指标。生态结构采用景观破碎度指数、生态结构指数、生态胁迫指数 3 项指标，其中景观破碎度指数用于评价区域景观破碎化程度（谢永强，2009），生态结构指数与林地、草地、湿地面积有关；生态胁迫指数则与耕地、建设用地有关，可充分反映区域生态系统结构状况。生态质量采用生态指数 RESI 法，选用湿度指数、植被指数、地表温度指数、不透水面积指数共 4 项指标（徐涵秋，2013）。广州市及各区生态质量评价指标体系详见表 5-1。

表 5-1 生态质量评价指标体系

目标层	要素层	指标层
生态质量评价	生态资源	风水林面积占比
		生态保护区面积占比
	生态结构	景观破碎度指数
		生态结构指数
		生态胁迫指数
	生态质量	湿度指数
		植被指数
		地表温度指数
		不透水面积指数

二、评价指标权重确定方法

目前国内外关于权重确定的方法很多，如层次分析法、模糊综合评价法、因子分析法、熵权法等。层次分析法、模糊综合评价法在确定各指标权重时带有一定的主观性，从而使所给出的权重往往不能真实体现研究对象的实际情况。而熵权法是一种客观综合定权法，它主要是根据各指标传递给决策者的信息量大小来确定权重，消除了人为因素的影响；因子分析法是一种利用降维的思想把多个指标转化为几个综合指标的多元统计分析方法，因子权重根据综合因子的贡献率确定，可避免人为确定主观臆断性的缺点。鉴于指标权重的可靠性、科学性以及对综合评价结果影响的重要性，本书采用熵权法确定各指标权重，具体计算方法（程启月，2010）如下：

（1）量纲化处理

对于 n 个评价年、m 个指标，则 X_{ij} 为第 i 年的第 j 项指标的数值（i=1，2，…，n；j=1，2，…，m）。先将指标标准化处理，正、负项指标值处理方法为

正向指标：$X'_{ij}=\dfrac{X_{ij}-\min\{X_j\}}{\max\{X_j\}-\min\{X_j\}}$

负向指标：$X'_{ij}=\dfrac{\max\{X_j\}-X_{ij}}{\max\{X_j\}-\min\{X_j\}}$

（2）计算第 i 年第 j 项指标的比重

$$Y_{ij}=\frac{X'_{ij}}{\sum_{i=1}^{m}X'_{ij}}$$

（3）计算第 j 项指标的信息熵

$$e_j=-k\sum_{i=1}^{m}(Y_{ij}\times\ln Y_{ij})\text{，其中，}k>0\text{，}k=1/\ln(n)\text{，}e_j\geqslant 0$$

（4）计算信息熵冗余度

$$d_j=1-e_j$$

（5）计算指标权重

$$W_i=d_j/\sum_{j=1}^{n}d_j$$

（6）计算第 j 项指标的差异系数

对第 j 项指标，指标值的差异越大，对方案评价的影响就越大，熵值就越小，定义差异系数：

$$g_j=\frac{1-e_j}{m-E_e}\text{，式中 }E_e=\sum_{j=1}^{m}e_j\text{，}0\leqslant g_i\leqslant 1\text{，}\sum_{j=1}^{m}g_j=1$$

（7）求权值 W_j

$$W_j=\frac{g_j}{\sum_{j=1}^{m}g_j}\qquad(1\leqslant j\leqslant m)$$

（8）计算单项指标得分

$$S_{ij}=W_i\times X'_{ij}$$

（9）计算综合得分

$$S_i=\sum_{j=0}^{m}S_{ij}$$

三、评价指标计算方法

（1）风水林面积占比

村边风水林具有很高的生态价值，保存有大量地带性的生物多样性资源，是重要的生物资源基因库，具有重要的生态功能。本书根据专家意见选取风水林面积占比作为评价指标，即各区风水林面积占全市风水林面积的比例。根据《广州风水林》（叶华谷等，2013），广州市风水林面积共 7 816.09 亩，其中番禺区 5.64 亩、黄埔区 1 963.83 亩、南沙区 25.73 亩、增城区 1 431.59 亩、白云区 405.75 亩、从化区 3 774.75 亩、花都区 178.2 亩、天河区 30.6 亩。

（2）生态保护区面积占比

自然保护区、森林公园、湿地公园、风景名胜区等法定生态保护区，应按各类相关法规予以保护，生态环境保护管理力度要高于其他区域，具有较好的生态功能或潜在的生态价值，因此，有必要将广州市或各区生态保护区总面积占国土面积的比例，作为生态结构评估的一些指标。

（3）景观破碎度指数

景观破碎度指数用于描述整个景观或某一景观类型在给定时间和给定性质上的破碎化程度，计算公式：

$$\mathrm{FN}_i = \frac{N_i}{A_i}$$

式中，FN_i —— 景观破碎度指数；

N_i —— 第 i 类斑块个数；

A_i —— 第 i 类斑块的总面积。

（4）生态结构指数

根据《生态环境状况评价技术规范》：

生态结构指数=0.375×林地面积比例+0.25×草地面积比例+0.375×水域湿地面积比例。

（5）生态胁迫指数

根据《生态环境状况评价技术规范》：

生态胁迫指数=0.57×（耕地+建设用地面积比例）+0.43×中度及以上土壤侵蚀面积比例。

（6）湿度指数

缨帽变换是一种有效的数据压缩和去冗余技术，其亮度、植被指数、湿度分量与地表物理参量有直接的关系，因此已被广泛应用于生态监测中。由于其中的湿度分量与植

被和土壤的湿度紧密相关，因此本研究的湿度指标以湿度分量 Wet 来代表，其表达式（徐涵秋，2013）为

$$Wet = 0.262\,6\rho_1 + 0.214\,1\rho_2 + 0.092\,6\rho_3 + 0.065\,6\rho_4 - 0.762\,9\rho_5 - 0.538\,8\rho_7$$

式中，ρ_i（$i=1$，2，3，4，5，7）分别为 ETM+影像各对应波段的反射率。

（7）植被指数

归一化差值植被指数（NDVI）无疑是应用最广泛的植被指数，它与植物生物量、叶面积指数以及植被覆盖度都有密切的关系。因此，选用 NDVI 来代表植被指数指标，公式（徐涵秋，2013）为

$$NDVI = (\rho_4 - \rho_3) / (\rho_4 + \rho_3)$$

（8）地表温度指数

代表地表温度指数指标的地表温度可采用 Landsat 用户手册的模型以及 Chander 等最新修订的定标参数进行计算（徐秋涵，2012）：

$$L_6 = gain \times DN + bias$$

$$T = K_2 / \ln(K_1 / L_6 + 1)$$

式中，L_6 —— ETM+热红外 6 波段的像元在传感器处的辐射值；

DN —— 像元灰度值；

gain、bias —— 分别为 6 波段的增益值与偏置值，可从影像文件获取；

T —— 传感器处温度值；

K_1、K_2 —— 分别为定标参数，$K_1 = 606.09$ W/（$m^2 \cdot sr \cdot \mu m$），$K_2 = 1\,282.71$ K。

经过公式计算的温度 T 必须进行比辐射率纠正才能成为地表温度 LST：

$$LST = T / [1 + (\lambda T / \rho) \ln \varepsilon]$$

式中，λ —— ETM+ 6 波段的中心波长（$\lambda = 11.45\ \mu m$）；

$\rho = 1.438 \times 10^{-2}$ m K；

ε —— 地表比辐射率，取 0.97（覃志豪，2004）。

（9）不透水面积指数

代表不透水面积指数指标的建筑指数选择的是 IBI 建筑指数，但在区域环境中，还有相当一部分的裸土，它们同样造成地表的“干化”，因此不透水面积指数指标（NDBSI）可由二者合成，即由建筑指数 IBI 和土壤指数 SI 合成（徐涵秋，2013）：

$$NDBSI = (IBI + SI) / 2$$

其中，$IBI = \{2\rho_5 / (\rho_5 + \rho_4) - [\rho_4 / (\rho_4 + \rho_3) + \rho_2 / (\rho_2 + \rho_5)]\} / \{2\rho_5 / (\rho_5 + \rho_4) + [\rho_4 / (\rho_4 + \rho_3) + \rho_2 / (\rho_2 + \rho_5)]\}$

$$SI = [(\rho_5 + \rho_3) - (\rho_4 + \rho_1)] / [(\rho_5 + \rho_3) + (\rho_4 + \rho_1)]$$

第三节 评价结果

一、广州市评价结果

因风水林面积缺乏年度变化数据，无法计算权重值，因此选取其余 8 项指标进行全市生态状况评价。结果表明，2005—2016 年，广州市生态状况变化幅度较小，2005 年与 2010 年基本持平，生态状况综合评价结果分别为 0.482 和 0.483，2016 年小幅下降至 0.469，主要与生态结构和生态质量降低有关，生态结构要素层中景观破碎度指数、生态结构指数、生态胁迫指数 3 项指标均有所下降，综合评价结果见表 5-2 和图 5-1。湿度、绿度、热度详见图 5-2 至图 5-4。

表 5-2 2005—2016 年广州市生态状况评价结果

要素层	指标层	权重	评价结果		
			2005 年	2010 年	2016 年
生态资源	生态保护区面积占比/%	0.183	0.295	0.302	0.308
生态结构	景观破碎度指数	0.117	0.403	0.362	0.323
	生态结构指数	0.115	0.170	0.159	0.130
	生态胁迫指数	0.111	0.719	0.755	0.713
生态质量	湿度指数	0.113	0.806	0.785	0.790
	植被指数	0.146	0.662	0.730	0.761
	地表温度指数	0.100	0.332	0.349	0.342
	不透水面积指数	0.115	0.529	0.465	0.397
综合评价结果			0.482	0.483	0.469

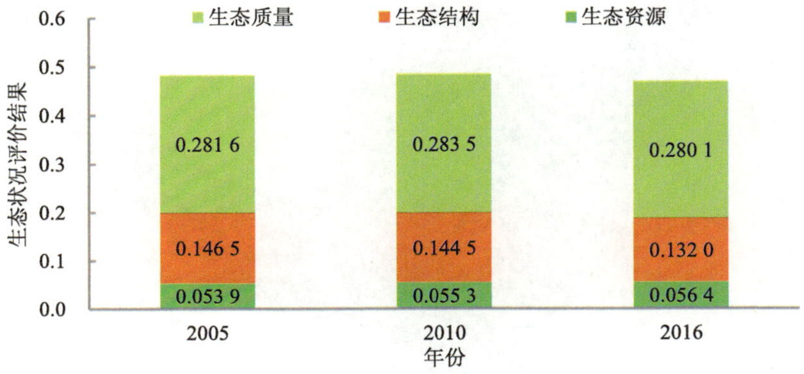

图 5-1 广州市生态状况评价结果

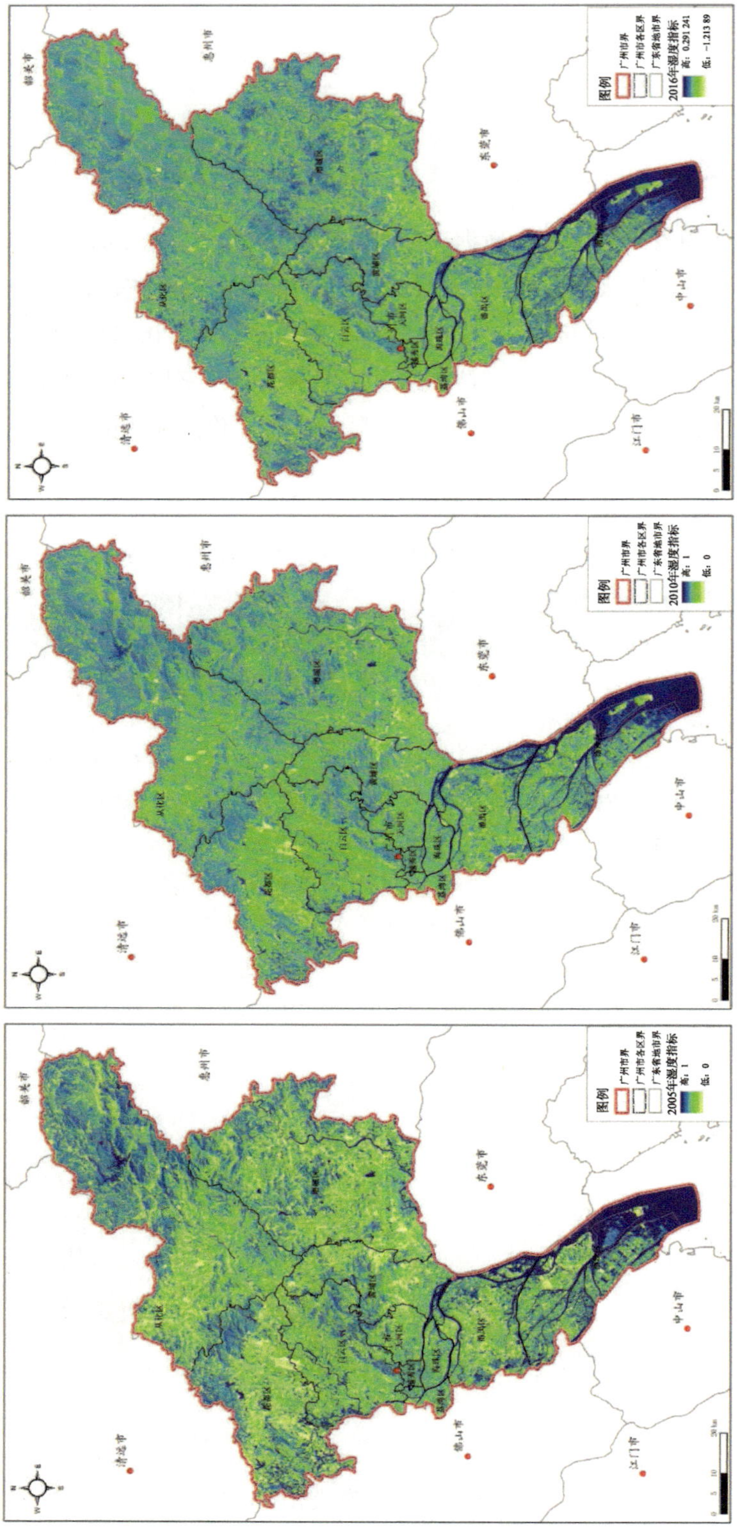

图 5-2 2005—2016 年广州市湿度指标空间分布

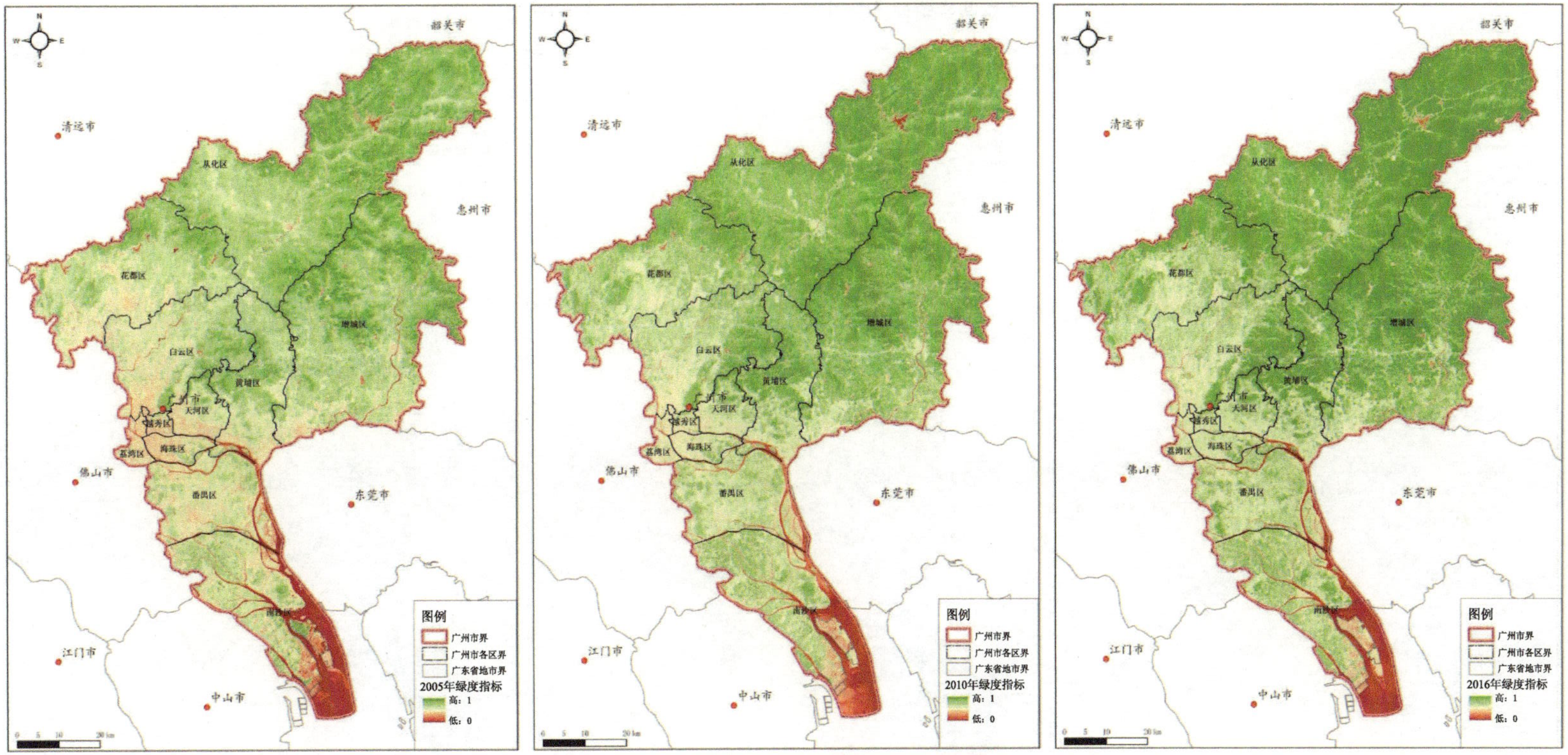

图 5-3　2005—2016 年广州市绿度指标空间分布

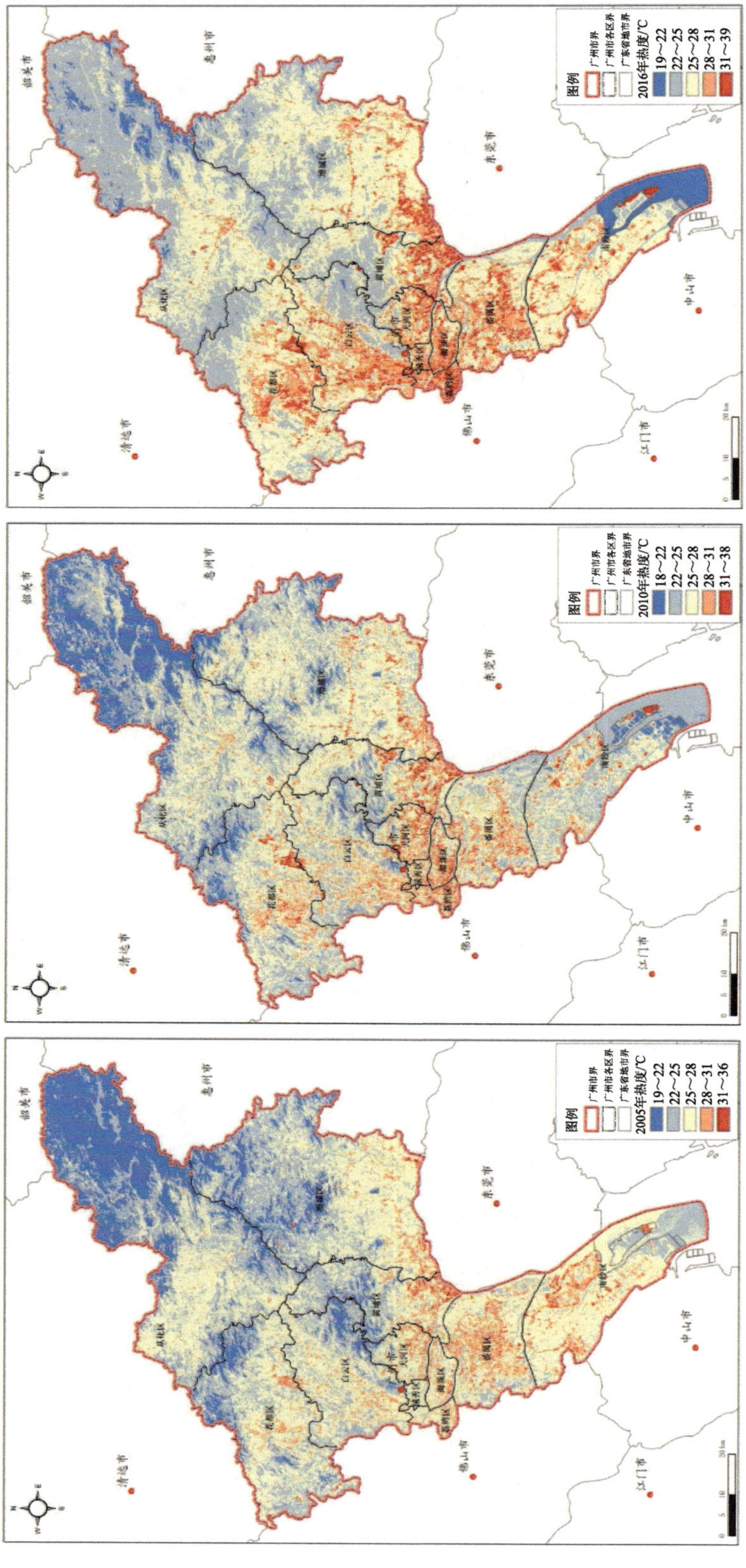

图 5-4 2005—2016 年广州市热度指标空间分布

二、广州市各区评价结果

2016 年，广州市下辖行政区中，生态状况评价结果从高到低依次为从化、增城、黄埔、花都、白云、天河、番禺、海珠、越秀、南沙和荔湾。各区生态质量评价结果相差不大，为 0.142～0.176；生态结构评价结果存在一定差异，为 0.127～0.202；生态资源差别较大，越秀区最低，为 0，从化区最高，为 0.282。总体而言，各区生态状况评价结果，主要与生态资源和生态结构关系密切，具体分析详见表 5-3 和表 5-4。

表 5-3 广州市各区生态状况评价指标计算结果

行政区	生态资源指标		生态结构指标			生态质量指标			
	风水林面积占比/%	保护区面积占比/%	景观破碎度指数	生态结构指数	生态胁迫指数	湿度指数	植被指数	地表温度指数	不透水面积指数
从化	0.483	0.497	0.450	0.180	0.856	0.583	0.868	0.297	0.336
增城	0.183	0.461	0.296	0.131	0.786	0.707	0.827	0.401	0.360
黄埔	0.251	0.059	0.211	0.119	0.702	0.794	0.768	0.345	0.410
花都	0.023	0.283	0.142	0.114	0.624	0.680	0.787	0.399	0.431
白云	0.052	0.196	0.323	0.089	0.574	0.623	0.682	0.435	0.476
天河	0.004	0.218	0.263	0.068	0.543	0.791	0.667	0.403	0.451
番禺	0.001	0.088	0.387	0.070	0.535	0.813	0.632	0.389	0.486
海珠	0	0.096	0.369	0.088	0.562	0.528	0.599	0.414	0.521
越秀	0	0.000	0.379	0.059	0.513	0.716	0.586	0.398	0.556
南沙	0.003	0.041	0.195	0.132	0.628	0.803	0.523	0.378	0.424
荔湾	0	0.026	0.323	0.028	0.412	0.594	0.566	0.469	0.598

表 5-4 广州市各区生态状况评价结果

行政区	生态资源	生态结构	生态质量	总得分	结果分析
从化	0.282	0.202	0.167	0.650	生态资源、生态结构、生态质量较好
增城	0.185	0.183	0.173	0.541	生态资源、生态结构、生态质量较好
黄埔	0.089	0.171	0.167	0.427	生态资源、生态质量处于中等水平，生态结构得分较高
花都	0.088	0.146	0.176	0.410	生态资源、生态结构处于中等水平，生态质量较好
白云	0.071	0.153	0.171	0.396	生态资源、生态结构处于中等水平，生态质量相对较好

行政区	生态资源	生态结构	生态质量	总得分	结果分析
天河	0.064	0.155	0.164	0.382	因风水林和保护区面积少，生态资源评价值较低；生态结构指数高，主要与景观破碎度高有关
番禺	0.026	0.169	0.163	0.357	因风水林面积少，生态资源评价值较低；因林、草面积较少，生态结构指数较低
海珠	0.028	0.149	0.165	0.341	因风水林和保护区面积少，生态资源评价值较低；因林地、草地面积少，生态结构指数低
越秀	0.000	0.157	0.166	0.323	无风水林和保护区，生态资源评价值低；生态结构指数低，林地、草地、湿地面积少而建设用地占比高
南沙	0.013	0.164	0.142	0.319	风水林和保护区面积少，生态资源评价结果较低；生态质量评价值最低，主要受植被指数、温度指数影响
荔湾	0.007	0.127	0.174	0.309	生态资源少，因无风水林，保护区占比仅0.026%，评价结果较低。林地、草地、湿地面积相对较低，导致生态结构指数低，建设用地占比高，生态胁迫指数较高

第四节　演化特征与发展趋势分析

近年来，广州市林地、草地、水域（湿地）等生态用地面积减少，部分林地转化为园地、建设用地等。植物是生态系统的主要组成部分，为其他生物生存提供赖以生活的有机物质，植物光合作用为生态系统运行提供了能源动力（彭天杰，1990）。林地面积减少，导致部分区域植被覆盖率下降，植物生物量和生产力受损，生态系统功能受到一定影响。生态用地面积减少，导致生态结构指数下降。

2005—2016 年，广州市生态状况评价结果变化幅度较小，2005 年与 2010 年基本持平，生态状况评价值分别为 0.482 和 0.483，2016 年略降至 0.469，主要由于生态结构和生态质量评价值有所降低，生态结构的 3 项指标均有所下降。

生态资源中的保护区面积占比指标持续缓慢上升，但上升速度低于生态结构和生态质量整体下降的速度。生态结构中，景观破碎度指数和生态结构指数下降，后者下降趋势更为明显，与林地、草地、水域（湿地）等生态用地面积减少有关。生态胁迫指数 2010 年略升，但 2016 年稍降。

总体而言，广州市生态状况总体保持平稳，但近年来有下降趋势，主要是由于受人为干扰，部分林地等生态用地转化为建设用地，部分区域植被指数略有下降，导致生态结构指数评价值降低，总体生态状况评价值受到影响。

第六章

环境状况评价

第一节　研究进展

一、国家相关政策、技术规范

近年来，我国先后发布《国家重点生态功能区县域生态环境质量考核办法》《实行最严格水资源管理制度考核办法》《生态环境状况评价技术规范》《水污染防治行动计划实施情况考核规定（试行）》《重点流域水污染防治规划（2016—2020年）》《地表水环境质量评价方案（试行）》等相关政策文件和规划，对区域环境质量评价指标各有界定。广东省及广州市地方政府也印发了《广东省环境保护规划纲要（2006—2020年）》《广东省环境保护责任考核指标体系》《广东省生态文明建设“十三五”规划》《广东省环境保护“十三五”规划》《广东省大气污染防治行动方案（2014—2017年）》《广东省水污染防治行动计划实施方案》《南粤水更清行动计划（修订本）（2017—2020 年）》《珠江三角洲环境保护一体化规划》《广州市生态文明建设规划纲要（2016—2020年）》《广州市城市环境总体规划（2014—2030年）》和《广州市水污染防治行动计划实施方案》等一系列规划文件和考核方案，选取不同的环境质量指标来评价和规划控制区域环境质量（表6-1）。

根据上述相关政策和技术文件，经筛选，环境空气质量评价指标包括优良以上空气质量达标率、城市环境空气质量达标率、$PM_{2.5}$年均浓度、其他 5 项大气指标、空气污染综合指数、降水 pH 值、降水酸雨频率等；水环境质量评价指标包括考核水质断面达标率、城市水域功能区水质达标率、跨市河流交接断面水质达标率、水质优良（Ⅲ类或以上）断面比例、地表水丧失使用功能（劣Ⅴ类断面）比例、城市建成区黑臭水体比例、集中式饮用水水源达标率、集中式饮用水水源水质达到或优于Ⅲ类比例、质量极差的地下水比例等；声环境质量评价指标通常包括区域环境噪声平均值和交通干线噪声平均值。

表 6-1　环境状况评价相关指标汇总

内容	指标	参考	备注
环境空气	优良以上空气质量达标率（%）	①②⑥⑩⑭	与“城市环境空气质量达标率”趋同
	城市环境空气质量达标率（%）	⑦⑨⑩⑮	
	$PM_{2.5}$年均浓度（$\mu g/m^3$）	⑧⑨⑩⑭⑮	2013 年后开始统计
	其他 5 项大气指标（$\mu g/m^3$）		包括可吸入颗粒物（PM_{10}）、二氧化硫（SO_2）、二氧化氮（NO_2）、臭氧（O_3）、一氧化碳（CO）；2013 年之前仅有前 3 项指标
	空气污染综合指数（量纲一）		
	降水 pH 值（量纲一）		
	降水酸雨频率（%）		
水环境	考核水质断面达标率（%）	②③④⑥⑧⑭⑮	
	城市水域功能区水质达标率（%）	⑦	统计数据掌握难
	跨市河流交接断面水质达标率（%）	⑤⑦⑬	
	水质优良（Ⅲ类或以上）断面比例（%）	①②⑤⑧⑨⑪⑫⑭⑯	
	地表水丧失使用功能（劣Ⅴ类断面）比例（%）	③⑤⑧⑨⑪⑫⑯	
	城市建成区黑臭水体比例（%）	③⑤⑧⑨⑪⑫⑯	2015 年后才开始提出
	集中式饮用水水源达标率（%）	⑥⑦⑧⑫⑬⑭⑮	两个概念接近
	集中式饮用水水源水质达到或优于Ⅲ类比例（%）	⑤⑨⑪⑯	
地下水环境	质量极差的地下水比例（%）	③⑤⑪⑯	统计数据掌握难
声环境	区域环境噪声平均值	②⑥⑧	
	交通干线噪声平均值	②⑧	

注：①《国家重点生态功能区县域生态环境质量考核办法》；②《生态环境状况评价技术规范》；③《重点流域水污染防治专项规划（2016—2020 年）》；④《实行最严格水资源管理制度考核办法》；⑤《水污染防治行动计划实施情况考核规定（试行）》；⑥《广东省环境保护规划纲要（2006—2020 年）》；⑦《广东省环境保护责任考核指标体系》；⑧《广东省生态文明建设“十三五”规划》；⑨《广东省环境保护“十三五”规划》；⑩《广东省大气污染防治行动方案（2014—2017 年）》；⑪《广东省水污染防治行动计划实施方案》；⑫《南粤水更清行动计划（修订本）（2017—2020 年）》；⑬《珠江三角洲环境保护一体化规划》；⑭《广州市生态文明建设规划纲要（2016—2020 年）》；⑮《广州市城市环境总体规划（2014—2030 年）》；⑯《广州市水污染防治行动计划实施方案》。

二、区域环境状况评价研究进展

（一）环境空气质量评价研究进展

根据《环境空气质量评价技术规范（试行）》（HJ 663—2013），环境空气质量评价包括现状评价和变化趋势评价。环境空气质量现状评价包括单项目评价和多项目综合评价，单项目评价以 GB 3095—2012 中污染物的浓度限值为依据，对环境空气各基本项目进行达标情况判断，超标的评价项目计算其超标倍数；多项目综合评价达标是指评价时段内所有基本评价项目均达标，多项目综合评价的结果包括空气质量达标情况、超标污染物及超标倍数。变化趋势评价适用于评价污染物浓度或环境空气质量综合状况在多个连续时间周期内的变化趋势，以国家环境空气质量监测网点位监测数据为基础，评价周期一般为 5 年，趋势评价结果为上升趋势、下降趋势或基本无变化。《环境空气质量评价技术规范（试行）》提出环境空气质量单项指数法适用于不同地区间单项污染物污染状况的比较，环境空气质量最大指数法及环境空气质量综合指数法适用于对不同地区间多项污染物污染状况的比较。

我国采用的空气质量评价方法非常多，有指数评价法、灰色聚类法、模糊综合评判法、人工神经网络模型法、主成分分析法等。每种方法各有特色，适用于不同的环境和情形，但国内目前应用最多的是指数评价法，《空气质量指数（AQI）技术规定（试行）》（HJ 633—2012）和《环境空气质量评价技术规范（试行）》是该方法的产物。

灰色聚类法在评价过程中不涉及复杂的计算，适用于没有国家标准的室内空气质量评价，但此法对指标权重的计算较为单一，如果没有合理的评价指标体系，容易导致结果偏差较大。牛红亚（2007）根据室内环境的特点，选取 4 个监测点位进行空气质量监测，采用灰色聚类法处理这些监测数据，结果符合实际情况。

模糊综合评价法是一种基于模糊数学的综合评价方法，其中的隶属度理论能将定性评价转化为定量评价，适于解决模糊的、难以量化的非确定问题。杨晓艳（2014）根据北京市环境保护监测中心的监测数据和国家环境空气质量标准，选取 $PM_{2.5}$、PM_{10}、SO_2、NO_2、O_3 和 CO 作为评价因子，通过建立各污染物的隶属函数和权重集，运用模糊综合评判的方法对北京市的 5 个区域（城六区、西北部、东北部、东南部、西南部）2013 年 10 月 23—29 日的环境空气质量进行了评价。

郭建芳（2017）选取西宁市作为实例进行分析，通过 60 位当地专家的调查评价结果，计算各指标的污染度，根据制订污染度规则筛选适宜的指标，计算权重，构建指标体系。研究结果表明，此方法结合定量与定性，更具客观性，对于各区域的环境管理部门更好地认识掌握和管理城市环境空气质量都具有较高的应用价值。

（二）地表水环境质量评价研究进展

《地表水环境质量评价方案（试行）》（环办〔2011〕22 号）中，将地表水环境质量评价分为水质评价和湖库水体营养状态评价两个部分。地表水水质评价包括河流断面水质类别评价和湖泊、水库单个点位的水质评价，一般采用单因子评价法。湖泊、水库单个点位的水质评价参照“河流断面水质类别评价”的方法进行。湖库水体营养状态评价采用综合营养状态指数法［TLI（Σ）］。

采用不同的研究方法研究结果各有差异，但基于环境质量监测数据的区域水环境质量评价建议采用综合指标评价方法。该方法是用各项水质监测数据与评价标准之比作分指数，然后通过指数综合运算得出一个综合指数，以此代表水体的污染程度，按选取评价项目的多少可分为单因子评价法和综合评价法。

陈雨艳（2015）根据环境质量评价指标的选择原则，以水环境质量监测为基础，通过征求专家意见确定了区域水环境质量综合评价方法的指标和权重，选取了地表水水质、湖库水体营养状态、集中式饮用水水源地地表水水质和地下水水质作为评价指标，并用此方法对四川省 6 个地区的水环境进行了评价，计算了区域水环境质量指数，结果表明该评价方法简单、方便，为考核区域水环境质量提供了可行的方法。

付宁（2016）选取兰州市地表水为研究对象，选取兰州市黄河地表水岸门桥断面在枯水期和丰水期水质监测平均值，运用模糊数学法对其在 2009—2014 年的水质状况进行了评价，科学分析了兰州市黄河地表水环境质量变化趋势，根据评价结果有针对性地开展了水源地保护和黄河流域环境治理，为环境管理和水资源开发、利用和保护提供了合理依据。

（三）声环境质量评价研究进展

城市声环境质量评价执行《声环境质量标准》（GB 3096—2008），声环境质量评价方法执行《声环境质量评价方法技术规定》（中国环境监测总站物字〔2003〕52 号）。根据噪声监测结果，将城市区域环境噪声和道路交通噪声分为重度污染、中度污染、轻度污染、较好和好 5 个声环境质量等级。

第二节 研究方法

一、评价指标构建

参考《国家重点生态功能区县域生态环境质量考核办法》《生态环境状况评价技术

规范》《重点流域水污染防治专项规划（2016—2020 年）》《实行最严格水资源管理制度考核办法》《水污染防治行动计划实施情况考核规定（试行）》《广东省环境保护规划纲要（2006—2020 年）》《广东省环境保护责任考核指标体系》《广东省生态文明建设“十三五”规划》《广东省环境保护“十三五”规划》《广东省大气污染防治行动方案（2014—2017 年）》《广东省水污染防治行动计划实施方案》《南粤水更清行动计划（修订本）(2017—2020 年)》《珠江三角洲环境保护一体化规划》《广州市生态文明建设规划纲要（2016—2020 年）》《广州市城市环境总体规划（2014—2030 年）》《广州市水污染防治行动计划实施方案》等国家广东省、广州市相关政策、规划，根据指标数据的可获得性，从环境质量、环境管理两个方面，初步确定区域环境状况评价指标，共 12 项（表 6-2）。

表 6-2　环境状况评价指标体系

内容		指标	指标依据
环境质量	环境空气	优良以上空气质量达标率（%）	1，2，6，10，14
		空气污染综合指数（量纲一）	17
	水环境	考核水质断面达标率（%）	2，3，4，6，8，14，15
		水质优良（Ⅲ类或以上）断面比例（%）	1，2，5，8，9，11，12，14，16
		地表水丧失使用功能（劣Ⅴ类断面）比例（%）	3，5，8，9，11，12，14，16
		集中式饮用水水源达标率（%）	3，5，8，9，11，12，16
	声环境	区域环境噪声平均值（dB）	2，6，8
环境管理	水环境	城镇生活污水（集中）处理率（%）	2，3，5，6，7，8，9，12，13，14，15，16
	固体废物	城镇生活垃圾无害化处理率（%）	2，6，7，8，9，12，14，15，16
		工业固体废物综合利用率（%）	6，8
	资源消耗	万元 GDP 用水量（m^3/万元）	17，18
		万元 GDP 能耗（以标煤计）(t/万元)	17，18

注：1.《国家重点生态功能区县域生态环境质量考核办法》；2.《生态环境状况评价技术规范》；3.《重点流域水污染防治专项规划（2016—2020 年）》；4.《实行最严格水资源管理制度考核办法》；5.《水污染防治行动计划实施情况考核规定（试行）》；6.《广东省环境保护规划纲要（2006—2020 年）》；7.《广东省环境保护责任考核指标体系》；8.《广东省生态文明建设“十三五”规划》；9.《广东省环境保护“十三五”规划》；10.《广东省大气污染防治行动方案（2014—2017 年）》；11.《广东省水污染防治行动计划实施方案》；12.《南粤水更清行动计划（修订本）（2017—2020 年）》；13.《珠江三角洲环境保护一体化规划》；14.《广州市生态文明建设规划纲要（2016—2020 年）》；15.《广州市城市环境总体规划（2014—2030 年）》；16.《广州市水污染防治行动计划实施方案》；17.《广州市环境质量公报》；18.《广州市统计年鉴》。

二、评价指标权重确定方法

指标权重采用熵权法确定，参考第五章第二节中的评价指标权重确定方法。

三、评价指标数据来源

各项指标数据源于《广州市环境质量公报》《广州市统计年鉴》《广州市环境质量报告书》或广州市生态环境局提供的其他相关材料。

第三节 评价结果

一、广州市评价结果

评价指标权重详见表 6-3。2005—2016 年广州市环境状况评价指标现状数据详见表 6-4。

结果表明，2005—2016 年，广州市环境状况评价得分呈波动上升趋势，由 2005 年的 0.249 分增加到 2016 年的 0.605 分；2005—2015 年增加趋势明显，2016 年存在小幅下降，总体而言，2005—2016 年广州市环境状况明显好转（表 6-5、图 6-1）。

表 6-3 广州市环境状况评价指标权重

内容		指标	权重
环境质量	环境空气	优良以上空气质量达标率（%）	0.117
		空气污染综合指数（量纲一）	0.092
	水环境	考核水质断面达标率（%）	0.088
		水质优良（III 类或以上）断面比例（%）	0.088
		地表水丧失使用功能（劣 V 类断面）比例（%）	0.072
		集中式饮用水水源达标率（%）	0.064
	声环境	区域环境噪声平均值（dB）	0.046
环境管理	水环境	城镇生活污水（集中）处理率（%）	0.094
	固体废物	城镇生活垃圾无害化处理率（%）	0.093
		工业固体废物综合利用率（%）	0.094
	资源消耗	万元 GDP 能耗（以标煤计）（t/万元）	0.077
		万元 GDP 用水量（m^3/万元）	0.074

表 6-4　广州市 2005—2016 年环境状况评价指标现状数据

编号	指标名称	2005 年	2006 年	2007 年	2008 年	2009 年	2010 年	2011 年	2012 年	2013 年	2014 年	2015 年	2016 年
C1	优良以上空气质量达标率（%）	65.90	66.27	66.04	68.43	68.85	70.83	71.43	71.23	71.23	77.5	85.5	84.7
C2	空气污染综合指数（量纲一）	3.33	3.22	3.2	2.9	2.72	2.54	2.35	5.61	5.53	5.25	4.61	4.47
C3	考核水质断面达标率（%）	100	100	100	100	100	100	90	88.7	86.7	86.9	82.1	70
C4	水质优良（III 类或以上）断面比例（%）	48.8	48.8	48.8	48.8	48.8	48.8	55	55	67.5	60.5	62.8	53.8
C5	地表水丧失使用功能（劣 V 类断面）比例（%）	6.37	6.37	6.37	6.37	6.37	7.69	0	2.5	5	6.9	7.1	15.4
C6	集中式饮用水水源达标率（%）	71.18	67.86	75.99	82.63	82.23	89.63	100	100	100	100	100	100
C7	区域环境噪声平均值（dB）	55.2	55.2	55	55	55	55.1	54.9	55	54.9	55.1	55.2	55.3
C8	城市生活污水（集中）处理率（%）	49.4	50.6	64.2	69.2	78.9	88.1	79.4	82.7	91.4	98.7	93.2	94.3
C9	城镇生活垃圾无害化处理率（%）	85	100	98.39	88.2	90.16	92	81.4	80.4	87.1	86.8	95.2	96.1
C10	工业固体废物综合利用率（%）	91.23	91.13	100	91.24	92.35	89.75	94.87	95.7	95.17	94.47	95.15	96.48
C11	万元 GDP 能耗（以标煤计）（t/万元）	0.78	0.75	0.71	0.68	0.65	0.56	0.53	0.51	0.36	0.35	0.31	0.30
C12	万元 GDP 用水量（m^3/万元）	172	138	120	95	82	70	59	51	44	40	37	33

表 6-5 广州市 2005—2016 年环境状况评价结果

年份	环境质量	环境管理	总得分
2005	0.213	0.035	0.249
2006	0.212	0.131	0.343
2007	0.250	0.247	0.497
2008	0.286	0.146	0.432
2009	0.293	0.196	0.489
2010	0.307	0.219	0.526
2011	0.395	0.210	0.605
2012	0.275	0.226	0.501
2013	0.329	0.298	0.627
2014	0.311	0.308	0.618
2015	0.361	0.351	0.712
2016	0.232	0.374	0.605

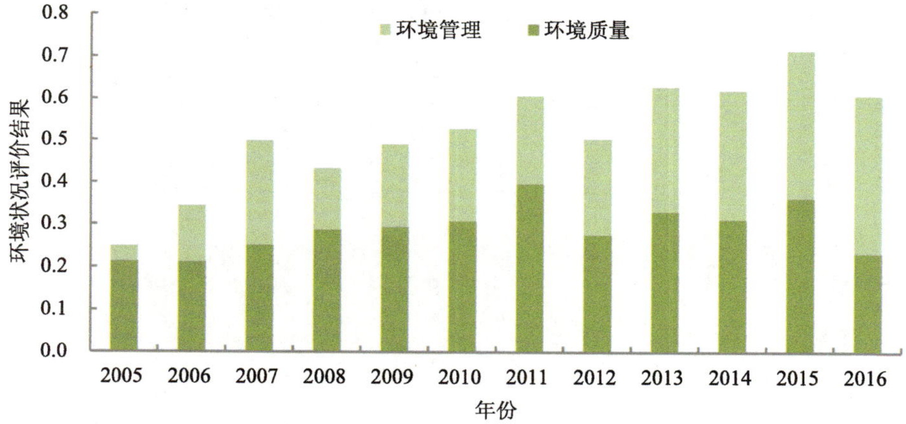

图 6-1 广州市 2005—2016 年环境状况评价结果

二、广州市各区评价结果

广州市下辖行政区 2016 年环境状况评价共选取环境质量和环境管理两个方面共 12 项指标，指标权重的确定采用熵权法，指标现状数据和指标权重数据见表 6-6 至表 6-8。

表 6-6 2016 年广州市各区环境状况评价指标现状数据

编号	指标名称	荔湾	越秀	海珠	天河	白云	黄埔	番禺	花都	南沙	从化	增城
C1	优良以上空气质量达标率（%）	82	83.6	88	86.3	85.5	94.8	82.8	86.6	87.7	98.1	92.6
C2	空气污染综合指数（量纲一）	4.65	4.55	4.37	4.32	4.43	4.08	4.48	4.12	4.11	2.8	3.72
C3	主要水体断面或点位水质达标次数比例（%）	16.67	23.81	0	0	5.81	5.5	26.7	100	100	100	31.25
C4	主要水体Ⅰ～Ⅲ类水质断面或点位次数比例（%）	0	0	0	63.2	5.81	50.9	58.6	100	100	100	1.04
C5	主要水体劣Ⅴ类断面或点位次数比例（%）	83.33	61.9	100	58	85.81	60.3	55	0	0	0	68.75
C6	区域环境噪声平均值（dB）	56.4	56.8	55	55.7	57.5	55.2	54.8	55.8	55.3	51.9	54.6
C7	城镇生活污水（集中）处理率（%）	96	100	100	100	94.3	95	93.52	94.3	94.8	88.4	91.5
C8	城镇生活垃圾无害化处理率（%）	100	100	100	100	100	100	100	100	100	99.74	100
C9	工业固体废物综合利用率（%）	99.99	100	100	100	99.3	90.87	87.45	97.09	90.87	86.68	87.27
C10	万元 GDP 能耗（以标煤计）（t/万元）	0.28	0.227	0.276	0.214	0.464	0.338	0.303	0.486	0.423	0.313	0.369
C11	万元 GDP 用水量（m^3/万元）	18.18	7	16.74	7.29	25.84	18.66	25.94	40.95	45.7	58.58	65.6

2016 年，广州市各区中从化区环境状况评价得分最高，得分达 0.673，白云区得分最低，得分仅为 0.316。各区得分从低到高依次为白云、增城、荔湾、番禺、海珠、越秀、黄埔、天河、南沙、花都和从化（图 6-2）。

表 6-7 广州市下辖行政区 2016 年环境状况评价指标权重

内容		指标	权重
环境质量	环境空气	优良以上空气质量达标率（%）	0.121
		空气污染综合指数（量纲一）	0.110
	水环境	主要水体断面或点位水质达标次数比例（%）	0.117
		主要水体Ⅰ～Ⅲ类水质断面或点位次数比例（%）	0.100
		主要水体劣Ⅴ类断面或点位次数比例（%）	0.111
	声环境	区域环境噪声平均值（dB）	0.066
环境管理	水环境	城镇生活污水（集中）处理率（%）	0.089
	固体废物	城镇生活垃圾无害化处理率（%）	0.068
		工业固体废物综合利用率（%）	0.097
	资源消耗	万元 GDP 能耗（以标煤计）（t/万元）	0.065
		万元 GDP 用水量（m^3/万元）	0.057

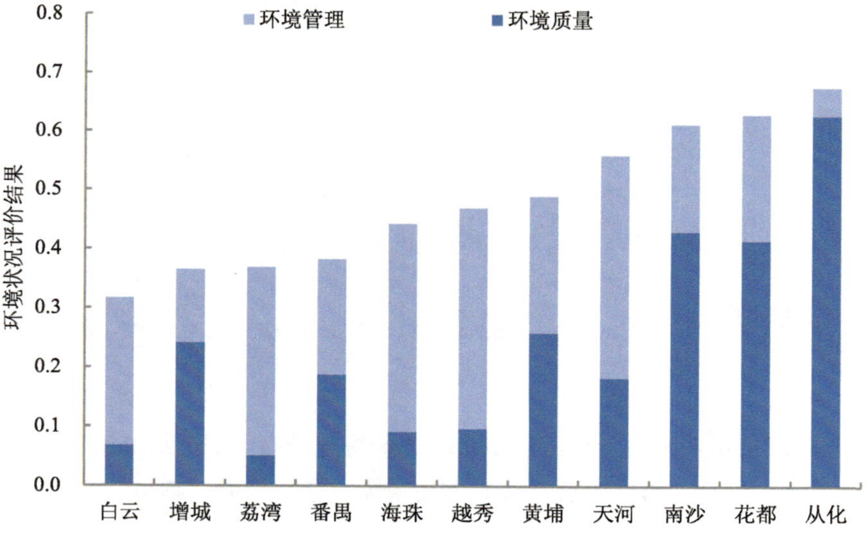

图 6-2 广州市下辖行政区 2016 年环境状况评价结果

表 6-8　广州市下辖行政区 2016 年环境状况评价结果

行政区	环境质量	环境管理	总得分	结果分析
白云	0.068	0.248	0.316	环境质量得分低，与优良以上空气质量达标率较低（85.5%）、主要水质断面达标率低（5.81%）、劣Ⅴ类水体占比高（85.81%）、噪声值高（57.5 dB）有关
增城	0.242	0.123	0.365	环境管理得分低，与城镇生活污水（集中）处理率较低（91.5%）、工业固体废物综合利用率低（87.27%）、万元 GDP 用水量很高（65.6 m^3/万元）有关
荔湾	0.051	0.317	0.368	环境质量得分低，与优质以上空气质量达标率最低（82%）、空气污染综合指数最高（4.65）、主要水体断面或点位水质达标次数比例低（16.67%）、无优良水体（0%）、主要水体劣Ⅴ类占比高（83.33%）有关
番禺	0.188	0.194	0.382	环境管理得分低，与工业固体废物综合利用率较低（87.45%）、万元 GDP 用水量高（25.94 m^3/万元）有关
海珠	0.091	0.350	0.442	环境质量得分较低，与无优良水体（10%）、主要水体劣Ⅴ类占比高（100%）有关
越秀	0.096	0.372	0.468	环境质量得分较低，与优良以上空气质量达标率较低（83.6%）、空气污染综合指数较高（4.55）、主要水体断面或点位水质达标次数比例低（23.81%）、劣Ⅴ类水体占比较高（61.9%）有关
黄埔	0.259	0.229	0.488	环境管理得分较低，与工业固体废物综合利用率较低（90.87%）、万元 GDP 用水量较高（18.66 m^3/万元）有关
天河	0.183	0.374	0.557	环境质量得分低，与主要水体断面或点位水质达标次数比例低（0%），优良以上空气质量达标率较低（86.3%）有关
南沙	0.429	0.181	0.610	环境管理得分较低，与城镇生活污水（集中）处理率较低（94.8%）、万元 GDP 用水量（45.7 m^3/万元）有关
花都	0.414	0.212	0.627	环境质量、环境管理得分均较好
从化	0.625	0.048	0.673	环境管理得分低，与城镇生活污水（集中）处理率较低（88.4%）、工业固体废物综合利用率较低（86.68%）、万元 GDP 用水量高（58.58 m^3/万元）有关

图 6-3 广州市下辖行政区 2016 年环境状况评价结果

第四节　演化特征与发展趋势分析

2005—2016 年，广州市环境状况明显好转，环境状况评价得分呈波动上升趋势，由 2005 年的 0.249 分增加到 2016 年的 0.605 分；2005—2015 年增加趋势明显，2016 年存在小幅下降。

广州市环境状况得分的增加很大程度上得益于环境管理得分的提升，与城镇生活污水（集中）处理率、城镇生活垃圾无害化处理率、工业固体废物综合利用率提升以及万元 GDP 能耗（以标煤计）和万元 GDP 用水量提高有较大的关系。环境质量趋好，环境空气、水质优良率上升有关，但同时水质断面达标率下降、劣Ⅴ类水体比例有所上升，噪声质量略有下降。

2016 年，广州市下辖行政区得分从低到高依次为白云、增城、荔湾、番禺、海珠、越秀、黄埔、天河、南沙、花都和从化。白云、荔湾、番禺、海珠、越秀、天河环境管理得分高于环境质量得分，其余各区环境质量得分高于环境管理得分。可见，中心城区环境管理状况明显优于环境质量状况，北部和南部外围区域环境质量状况更占优势。

第七章

生态承载力分析

第一节　研究进展

随着人口和经济增长、工业发展和城镇化，土地资源、水资源、矿产和能源等资源的开发规模持续加大，环境污染不断加重，生态服务功能持续减弱，资源上限、环境底线和生态安全已经成为制约区域可持续发展的关键因素（陆大道，2015）。人类社会经济活动对自然资源的过度利用，超过了自然生态系统的承载能力，将影响或破坏生态环境系统功能，并引发一系列生态环境问题，甚至可能直接威胁人类自身的生存与发展。生态承载力作为评价可持续发展能力的重要手段之一，其理论及研究方法受国内外研究者的广泛关注（顾康康，2012）。中共中央办公厅、国务院办公厅于 2017 年 9 月印发了《关于建立资源环境承载能力监测预警长效机制的若干意见》，要求各地按《资源环境承载能力监测预警技术方法（试行）》（2016 年）开展资源环境承载能力评价及监测预警工作。

1921 年，美国人类生态学家 Park 和 Burgesstnl 首次将“生态承载力”定义为“某种个体在某一特定环境条件下（主要指营养物质、生存空间、阳光等生态因子的组合）存活的最大数量”（郭秀锐等，2000）。高吉喜认为生态系统的自我维持、自我调节能力，资源与环境子系统的供给能力及其可维育的社会经济活动强度和具有一定生活水平的人口数量有关，并指出资源承载力是生态承载力的基础条件，环境承载力是生态承载力的约束条件，生态弹性力是生态承载力的支持条件（高吉喜，2001）。杨志峰基于生态系统健康，将生态承载力定义为在一定社会经济条件下，自然生态系统维持其服务功能和自身健康的潜在能力（杨志峰，2005）。

随着土地退化、资源短缺、环境污染和人口膨胀等问题的出现，承载力被广泛应用于和生态有关的各个研究领域，如矿产资源、水资源、土地资源等方面（吕贻峰，1999；姚治君，2002；王书华，2001）。承载能力的研究以往主要聚焦于全球、国家和地区等不同尺度空间的资源环境能够承载多少人口或经济规模，以单要素的评估为主，如土地资源承载能力、水资源承载能力、环境承载能力或环境容量、生态可持续指数或生态足迹等（樊杰等，2017）。因生态系统内各类资源环境要素相互影响、制约，随着研究的深入，生态承载力综合性研究逐渐受到重视（顾康康，2012）。

生态承载力的研究方法有净初级生产力估测法、生态足迹法、供需平衡法、综合指标评价法、系统模型法，一般从压力和支持力两个角度开展，其中压力角度包括环境污染强度、人口数量等指标，支持力则包括资源供给量或环境容量等（向芸芸等，2012）。1992 年加拿大学者 Mathis Wackernagel 提出的生态足迹法较为常用，其基本思想是以具有等价生产力的生物生产性土地面积为衡量指标，定量表征人类活动的生态负荷和自然系统的承载能力，从而判断系统是否安全（刘红等，2006）；综合指标评价法一般考虑资源环境和社会经济等多方面因素，通过构建评价指标体系，采用权重求和法、状态空间法、模糊综合评价法或因素关联分析法等综合反映生态系统承载状况，权重可通过德尔菲法、层次分析法、熵值法、因子分析法等方法确定（朱一中等，2003；夏军等，2004；付强等，2008；陈乐天等，2009）。

近年来，国内生态承载力研究方向主要包括流域生态承载力（张万顺等，2011）、生态脆弱区生态承载力（蒙吉军，2011a）、城市生态承载力（张林波，2009）、农业生态承载力（蒙吉军，2011b）、生态旅游承载力（董巍等，2004）等方面。现阶段仍存在以下几方面不足：一是缺乏科学完整的研究体系，研究精度不足，尚未构建通用的标准方法体系，不同方法结果差异较大；二是阈值的生态学指示意义不明确，多仅针对结果和现象，缺乏机制和过程的深入探讨，且难以横向比较；三是动态演化与预测研究不够深入，难以真正实现动态模拟，具有很大不确定性；四是空间尺度与格局分异研究较少，未考虑区域大背景的影响和内部空间的分异特性（向芸芸等，2012）。

广东省及广州市生态承载力研究大部分采用生态足迹法，付开等（2016）运用生态足迹法对广东省 2000—2012 年生态足迹和生态承载力进行了分析，结果表明 2000—2012 年，广东省人均生态足迹逐年上升，由 0.815 8 g·hm^2/cap 增至 1.178 4 g·hm^2/cap，人均生态承载力逐渐下降，由 0.374 8 g·hm^2/cap 降至 0.312 2 g·hm^2/cap，人均生态赤字由 0.441 0 g·hm^2/cap 增至 0.866 2 g·hm^2/cap；万元 GDP 生态足迹由 0.663 1 g·hm^2/mil 降至 0.178 3 g·hm^2/mil。王禹锡等（2015 年）对广东省 2010 年生态足迹和生态承载力的研究结果表明，广东省 2010 年人均生态足迹为 2.518 8 hm^2，主要由耕地足迹和能源足迹构成，人均生态赤字为 2.078 hm^2，远高于全国、全球平均水平，总人口生态足迹赤字为 2.17×10^8 hm^2，生态超载力达到 4.7 倍，与 2001 年相比，10 年来人均生态足迹的总需求上涨了 84%，其中林地和耕地涨幅剧增，而生态总供给则下降 20%，生态系统的压力和强度与日俱增。

张星星等（2017）采用三维生态足迹动态法，对珠三角全区及代表性城市生态足迹动态变化及其驱动力进行了分析，结果表明：1990—2012 年，珠江三角洲全区及代表性城市生态足迹主要呈波动上升趋势，全区生态足迹自 1.56 g·hm^2 升至 2.15 g·hm^2，生态承载力自 1990 年的 0.28 g·hm^2 降至 2012 年的 0.13 g·hm^2，1990 年区域生态自然资本供给能力（生态承载力）仅占区域消费能力（生态足迹）的 17.68%，而这一指标在 2012 年已降至 6.05%，珠三角城市群地区自然资本利用的绝大部分通过外埠调入；2012 年，广州、深圳和佛山生态足迹均高于 3 g·hm^2，东莞、珠海和中山为 2.0～3.0 g·hm^2，其余地区低于 2.0 g·hm^2；惠州、肇庆和江门的生态承载力大于 0.5 g·hm^2，深圳、珠海、东莞和中山的生态承载力均小于 0.05 g·hm^2，其余地市处于 0.05～0.5 g·hm^2。钟义等（2012）对珠三角 2009 年生态承载力研究结果表明，珠三角地区的人均生态足迹为 2.298 hm^2，实际生态承载力为 0.170 hm^2/人，人均生态赤字为 2.128 hm^2，生态足迹是其生态承载力的 13.51 倍，说明珠三角地区对自然的影响超出了其生态承载能力的范围。从资源利用的角度来看，珠三角人口众多，对粮食等的刚性需求较大，可耕地的足迹最大，占整个生态足迹的 56%；其次是化石能源用地，占总生态足迹的 32%，反映珠三角的能源消费处于较高的水平；在生态供给方面，珠三角除了建筑用地和林地稍显生态盈余外，其他 4 种土地类生态足迹结构均处于生态赤字状态，这使得珠三角面临自身资源供给不足、对外依赖性大的问题。

姜春（2010）对 2003—2007 年生态承载力的研究表明，5 年间广州市人均生态足迹依次为 1.701 6 hm^2、1.930 9 hm^2、2.039 3 hm^2、2.095 8 hm^2、2.247 1 hm^2；人均生态承载力依次为 0.263 2 hm^2、0.259 1 hm^2、0.253 9 hm^2、0.238 7 hm^2、0.216 2 hm^2；生态赤字呈逐年增加的趋势，从 2003 年的 1.438 4 hm^2 上升到 2007 年的 2.030 9 hm^2。付开等（2017 年）运用生态足迹模型对广州市 2003—2013 年的人均生态承载力和人均生态足迹进行了模拟和分析，结果表明：2003—2013 年广州市人均生态足迹呈上升趋势，由 2.471 hm^2/人增至 4.135 hm^2/人，年均增幅达到 6.7%；人均生态承载力呈下降趋势，由 2003 年的 0.263 hm^2/人降至 2013 年的 0.155 hm^2/人，人均生态承载力远远小于人均生态足迹，导致生态赤字，化石能源用地是影响人均生态足迹变化的主要原因。

总体而言，生态足迹法被广泛应用于广东省、珠三角及广州市生态承载力研究，一般以时间维度，选取不同指标评价区域生态承载能力的变化。然而，不同时期各研究者所得结论有差别，其原因有 3 个方面：一是生物资源及能源消费选择指标不同，资料来源广则选取指标类别更丰富，一般通过统计年鉴获得，不同统计口径所得数据也可能存在差别；二是个别资源或能源指标划归的土地类型不同，如猪肉可能归为耕地或草地，电力可能归为耕地或建筑用地；三是均衡因子或产量因子选取结果不一致，缺乏统一标准，理解上也存在一定差异。总体而言，受各区域资源禀赋及生态特征差异，生态承载力的计算尚难以形成一套统一的评价指标体系及相关标准，采用同样方法计算出的结果也有所偏差，但总体趋势表现一致，即广东省、广州市生态赤字日益增加，生态承载力下降。

第二节　研究方法

一、生态足迹计算模型

生态足迹是指在一定的研究区域内，维持特定人口的资源消费和废弃物消纳所必须的生物生产土地面积（孙环，2015），其计算主要基于两个基本假设（周静，2012）：①人类能够估计自身消费的大多数资源、能源及其所产生的废弃物数量；②消耗的资源和产生的废弃物可以通过换算转换成生物生产性土地面积，生物生产性土地分为耕地、林地、建设用地、牧草地、化石能源用地、水域 6 种类型，分类详见表 7-1（张星星等，2017）。

表 7-1　土地类型分类细则

产品类型	土地类型	能源或消费品
生物产品	耕地	谷物、稻谷、小麦、玉米、其他粮食作物、豆类、薯类、花生、油菜、芝麻、其他油料、棉花、麻类、甘鹿、烟叶、药材、蔬菜、果用瓜、茶叶、荔枝、菠萝、龙眼、桃子、梨、其他水果、桑、猪肉、禽肉、禽蛋
	牧草地	牛羊肉、其他肉类、羊毛、牛奶、兔毛
	林地	生漆、油桐籽、油茶籽、松脂、核桃、板栗、木材、竹材
	水域	鱼类、蟹类、贝类、其他淡水产品
化石能源消费	化石能源用地	原煤、焦炭、汽油、煤油、柴油、燃料油、液化石油气
	建设用地	电力消耗

生态足迹计算公式如下：

$$\mathrm{EF}=N\times \mathrm{ef}=N\times r_j\times \Sigma(c_i/p_i)= N\times r_j\times \Sigma a_{ai}$$

式中，EF —— 总生态足迹；

ef —— 人均生态足迹；

N —— 人口数；

c_i ——第 i 种商品的人均消费量；

r_j —— 均衡因子；

p_i ——第 i 种消费商品的平均生产能力；

a_{ai} —— 人均第 i 种交易商品折算的生物生产面积；

i —— 消费商品和投入的类型；

j —— 土地类型。

为了使计算结果能够转化为一个可以比较的标准，需要在每种类型生物生产面积前乘上一个均衡因子，以转化为统一的、可比较的生物生产面积。均衡因子按联合国粮农组织 1993 年标准，即以耕地、建设用地 2.8，林地、化石能源用地 1.1，牧草地 0.5，水域 0.2 计（钟义等，2012）。

各种类型生物的全球平均产量和能源消费的全球平均能源足迹见表 7-2。

表 7-2　全球平均产量和全球平均能源足迹

生物资源	全球平均产量/（kg/hm^2）	能源消费	全球平均能源足迹/（kg/hm^2）	能源消费折算系数/（GJ/t）
粮食	2 744	煤炭	55	20.934
食用植物油	431	焦炭	55	28.47
鲜菜	18 000	原油	93	41.868
猪肉	74	燃料油	71	50.2
牛羊肉	33	汽油	93	43.124
鲜蛋	400	煤油	93	43.124
肉禽类	764	柴油	93	42.705
水产品	29	液化石油气	71	50.2
食糖	4 997	电力/（10^3 kW/h）	1 000	11.84
鲜瓜果	18 000			
茶叶	566			
奶类	502			
木材	1.99			

二、生态承载力计算模型

生态承载力又叫生态容量，是指一个地区所能提供给人类的生态生产性土地的面积总和。根据世界环境与发展委员会（WCED）的相关报告，在计算生态承载力时要扣除 12%的生物多样性面积（郭秀锐，2003）。

计算公式如下：

$$EC=N\times ec=N\times\Sigma\,(a_j\times r_i\times y_j)$$

式中，EC —— 区域总生态承载力；

ec —— 人均生态承载力；

a_j—— 人均实际拥有第 j 类土地的的生物生产面积；

r_i—— 均衡因子；

y_j—— 产量因子。

均衡因子 r_i 与生态足迹一致；据世界自然基金会 2010 年发布的 *National footprint accounts method paper 2010*，耕地、草地、林地、水域、碳足迹等土地类产量因子 y_j 分别为 2.51、0.46、1.26、0.37、1.33（何飞武，2014）。

三、生态赤字或生态盈余计算

当 ec＞ef 时，为生态盈余（er），表明该地区处于可持续发展状况。当 ec＜ef 时，表现为生态赤字（ed），即该地区处于不可持续发展状态。计算公式如下：

$$ed\ (er) = ec - ef$$

式中，ed（er）—— 人均生态赤字或人均生态盈余；

ec —— 人均生态承载力；

ef —— 人均生态足迹。

第三节 评价结果

一、生态足迹计算结果

根据前述生态足迹计算模型，选取切合广州市实际的指标计算广州市生态足迹（表 7-3），指标主要源于《广州市统计年鉴》《广东省农村统计年鉴》，2005—2016 年广州市各项指标值见表 7-4，由于各区指标数据统计不完全，此处不评价广州市各区生态足迹。

表 7-3 广州市生态足迹估算分类指标

产品类型	土地类型	能源或消费品
生物产品	耕地	粮食、油料、蔬菜、猪肉、蔗糖、水果、茶叶、鲜蛋、肉禽类
	草地	牛羊肉、奶类
	水域	水产品
化石能源消费	化石能源用地	能源消费总量（经过折算，含原煤、焦炭、汽油、煤油、柴油、燃料油、液化石油气等能源消费量）
	建设用地	电力消耗

表 7-4 广州市 2005—2016 年生态足迹、生态承载力计算指标现状数据

用地类型	产量/消费量	2005 年	2006 年	2007 年	2008 年	2009 年	2010 年	2011 年	2012 年	2013 年	2014 年	2015 年	2016 年
耕地	粮食/t	517 309	509 700	423 451	416 262	430 007	430 438	446 559	449 669	435 548	443 145	440 898	436 500
	油料/t	22 372	22 395	12 652	16 310	—	18 110	18 760	18 857	19 065	19 170	18 980	18 983
	蔬菜/t	3 488 899	3 634 311	3 255 869	3 139 270	3 175 062	3 259 936	3 287 147	3 348 958	3 433 166	3 572 476	3 690 969	3 740 161
	猪肉/t	159 246	171 802	145 998	160 031	166 926	174 778	170 359	171 558	173 802	113 379	83 297	72 656
	蔗糖/t	172 340	124 477	21 450	18 482	10 298	6 923	6 296	5 981	5 681	6 467	5 370	4 885
	水果/t	488 679	449 892	483 091	414 415	422 902	399 179	396 645	402 814	410 555	456 626	485 817	494 768
	茶叶/t	16	13	36	39	—	73	63	61	65	65	40	33
	鲜蛋/t	18 945	21 857	20 530	25 662	27 050	26 591	24 667	22 250	22 547	24 602	25 512	25 14
	肉禽类/t	320 344	350 510	276 154	304 370	317 877	323 584	316 202	320 884	313 235	254 740	228 552	218 285
草地	牛肉/t	1 426	2 042	1 273	1 153	1 295	1 193	1 226	1 302	1 181	1 403	1 287	1 396
	羊肉/t	113	119	156	60	83	93	103	121	121	135	137	135
	奶类/t	46 483	44 428	47 802	52 897	58 918	61 530	61 147	57 379	59 137	59 227	48 756	49 725
水域	水产品/t	388 282	427 429	411 534	420 305	437 046	441 435	446 935	460 238	476 825	478 64	483 925	482 515
化石用地	煤（以标煤计）/万 t	4 029.29	4 412.79	4 865.65	5 224.55	5 586.36	6 034.39	6 370.53	6 693.36	5 333.57	5 496.46	5 688.89	5 852.6
建设用地	电力消耗/（亿 kW·h）	425.67	469.42	527.13	545.93	567.08	625.9	663.55	694.13	710.69	765.85	779.32	823.57

根据生态足迹估算结果（表 7-5 和图 7-1），2005—2016 年，广州市人均生态足迹呈先增加后下降的趋势，由 2005 年的 2.584 5 hm^2 增加到 2012 年的 3.888 5 hm^2 后再下降到 2016 年的 3.333 8 hm^2，各年度的人均生态足迹主要由化石能源用地足迹和耕地足迹构成，其中 2012 年生态足迹最高也与 2012 年能源消费量最高有关。

表 7-5 2005—2016 年广州市人均生态足迹估算结果

年份	不同用地类型人均生态足迹					人均生态足迹/hm^2
	耕地	草地	水域	化石能源用地	建设用地	
2005	0.621 0	0.004 6	0.005 4	1.679 7	0.273 8	2.584 5
2006	0.662 9	0.005 0	0.005 9	1.839 5	0.301 9	2.815 2
2007	0.554 6	0.004 5	0.005 7	2.028 3	0.339 0	2.932 1
2008	0.601 3	0.004 7	0.005 8	2.177 9	0.351 1	3.140 8
2009	0.625 7	0.005 2	0.006 0	2.328 8	0.370 5	3.336 2
2010	0.649 1	0.005 3	0.006 1	2.515 5	0.402 5	3.578 5
2011	0.636 0	0.005 3	0.006 2	2.655 7	0.426 7	3.729 9
2012	0.640 3	0.005 2	0.006 4	2.790 2	0.446 4	3.888 5
2013	0.644 6	0.005 2	0.006 6	2.223 4	0.457 0	3.336 8
2014	0.470 2	0.005 4	0.006 6	2.291 3	0.492 5	3.266 0
2015	0.384 1	0.004 6	0.006 7	2.371 5	0.501 2	3.268 1
2016	0.352 9	0.004 8	0.006 7	2.439 7	0.529 7	3.333 8

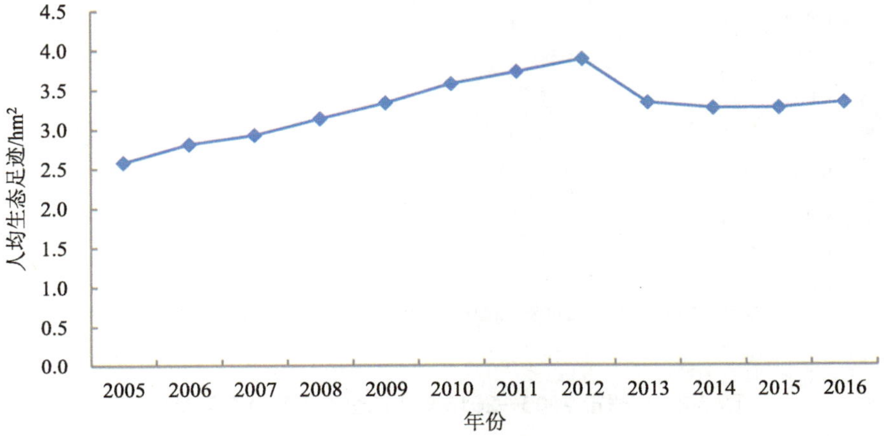

图 7-1 广州市 2005—2016 年人均生态足迹变化趋势

二、生态承载力计算结果

根据前述生态承载力计算模型计算人均生态承载力，结果表明（表 7-6 和图 7-2），2005—2016 年，广州市人均生态承载力呈逐年下降趋势，由 2005 年的 0.067 7 hm^2 下降到 2016 年的 0.037 5 hm^2，下降了 45%。

表 7-6 2005—2016 年广州市人均生态承载力计算结果

年份	人均生态承载力/hm^2
2005	0.067 7
2006	0.061 2
2007	0.059 5
2008	0.059 3
2009	0.042 5
2010	0.042 5
2011	0.042 4
2012	0.041 7
2013	0.041 8
2014	0.039 7
2015	0.038 6
2016	0.037 5

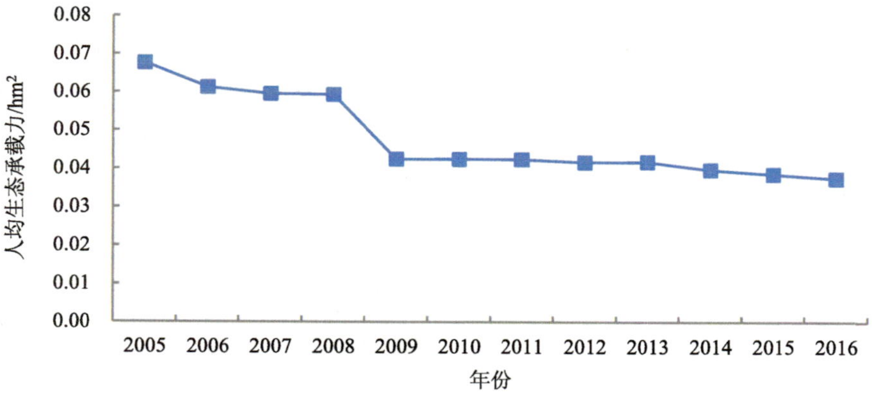

图 7-2 广州市 2005—2016 年人均生态承载力变化趋势

三、生态赤字计算结果

由于广州市人均生态承载力远小于人均生态足迹，不可避免会导致生态赤字。根据前述方法计算广州市的人均生态赤字，结果如表 7-7 和图 7-3、图 7-4 所示。与人均生态足迹变化趋势一致，2005—2016 年广州市人均生态赤字也呈先增加后下降的趋势，由 2005 年的 2.516 4 hm^2 增加到 2012 年的 3.847 2 hm^2 然后下降到 2016 年的 3.296 5 hm^2。广州市耕地、草地、水域、化石能源用地和建设用地均处于生态赤字状态，林地处于生态盈余状态（木材消费量主要源于外部输入）。为降低广州市的生态赤字，必须高效利用现有的资源存量，大力发展循环经济并巩固节能减排工作成效以降低各规划年生态足迹，或增加单位面积自然系统的生产率以提高各规划年的生态承载力。

表 7-7　2005—2016 年广州市人均生态赤字计算结果

年份	不同用地类型人均生态赤字/hm^2						人均生态赤字/hm^2
	耕地	草地	水域	林地	化石能源用地	建设用地	
2005	0.582 6	0.004 56	0.001 8	−0.006 3	1.679 7	0.254	2.516 4
2006	0.632 3	0.005 04	0.002 4	−0.006 1	1.839 5	0.281	2.754 1
2007	0.525 4	0.004 54	0.002 3	−0.005 9	2.028 3	0.318	2.872 6
2008	0.573 2	0.004 65	0.002 5	−0.005 8	2.177 9	0.329	3.081 4
2009	0.601 9	0.005 21	0.003 2	−0.005 0	2.328 8	0.360	3.294 1
2010	0.626 9	0.005 29	0.003 4	−0.004 6	2.515 5	0.390	3.536 5
2011	0.614 2	0.005 31	0.003 5	−0.004 6	2.655 7	0.413	3.687 1
2012	0.618 7	0.005 16	0.003 7	−0.004 6	2.790 2	0.434	3.847 2
2013	0.623 3	0.005 15	0.004 0	−0.004 5	2.223 4	0.444	3.295 3
2014	0.449 6	0.005 39	0.004 0	−0.004 5	2.291 3	0.481	3.226 8
2015	0.364 3	0.004 59	0.004 2	−0.004 3	2.371 5	0.489	3.229 3
2016	0.333 9	0.004 76	0.004 3	−0.004 1	2.439 7	0.518	3.296 5

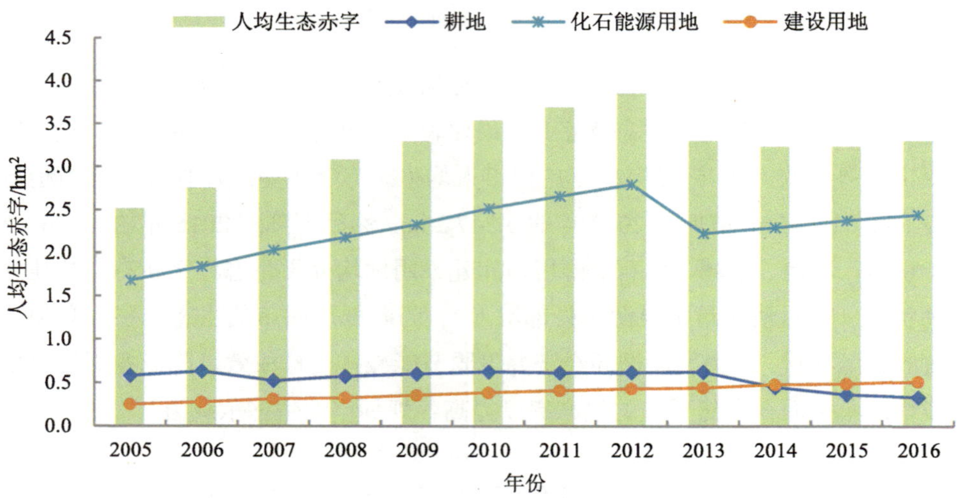

图 7-3　广州市 2005—2016 年不同用地类型人均生态赤字变化趋势（一）

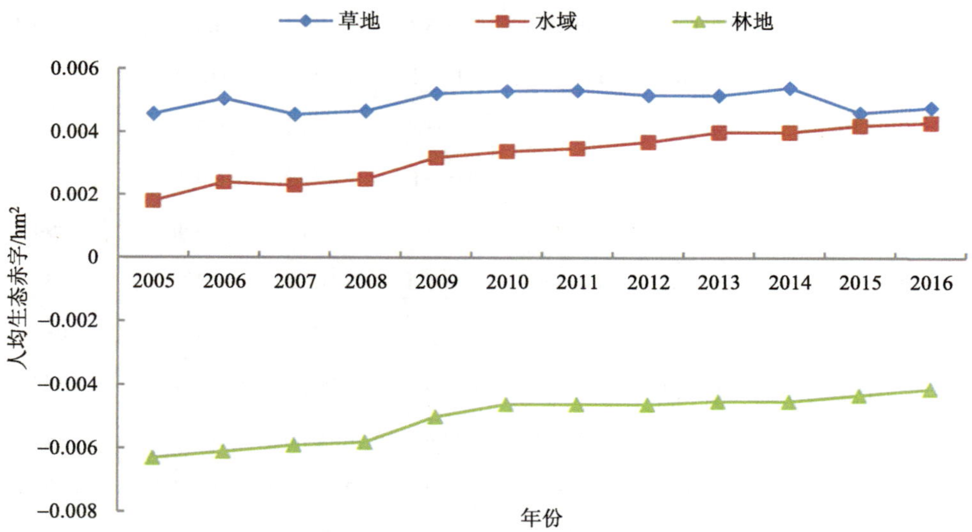

图 7-4　广州市 2005—2016 年不同用地类型人均生态赤字变化趋势（二）

第四节　演化特征与发展趋势分析

2005—2016 年，广州市人均生态足迹呈先增加后下降的趋势，各年度的人均生态足迹主要由化石能源用地足迹和耕地足迹构成，2012 年生态足迹最高，也与 2012 年能源消费量最高有关。耕地生态足迹波动下降，草地生态足迹基本不变，水域、化石能源用地、建设用地生态足迹均呈波动上升趋势。

2005—2016 年，广州市人均生态承载力逐年下降，由 2005 年的 0.067 7 hm^2 下降到 2016 年的 0.037 5 hm^2，下降了 45%。

与人均生态足迹变化趋势一致，2005—2016 年广州市人均生态赤字也呈先增加后下降的趋势。耕地、草地、水域、化石能源用地和建设用地均处于生态赤字状态，林地处于生态盈余的状态（木材消费量源于外部输入）。

为降低广州市的生态赤字，必须高效利用现有的资源存量，大力发展循环经济及巩固节能减排工作以降低各规划年生态足迹，或增加单位面积自然系统的生产率以提高各规划年的生态承载力。

第八章

生态安全评价

第一节　研究进展

一、生态安全评价概念研究进展

生态安全概念最早由 Brown 于 1977 年提出，生态安全评价的核心内容是最大可能达到自然资源乃至整个生态系统的可持续利用，为实现可持续发展提供生态安全保障（杜忠潮，2009）。1989 年国际应用系统分析研究所（IIASA）提出了广义与狭义的生态安全概念，广义上的生态安全是指在人的生活、健康、安乐、基本权利、生活保障来源、必要资源、社会秩序和人类适应环境变化的能力等方面不受威胁的状态，它包括自然、经济和社会生态安全，组成一个复合人工生态安全系统；狭义上的生态安全是指自然和半自然生态系统的安全，即生态系统完整性和健康的整体水平反映（肖笃宁，2002；高长波，2006）。《全国生态环境保护纲要》（2000 年）首次提出“维护国家生态环境安全”的目标，表明生态安全问题已上升到一定的战略高度，成为国家安全和社会稳定的一个重要组成部分。

国外对生态安全的研究时间较长，第一阶段始于 20 世纪 40 年代，Aldo Leopold 在对土地功能进行综合评价时，引入了土地健康的概念，形成了生态安全概念的雏形（DAVID J，1993）；第二阶段始于 80 年代，1989 年 IIASA 对生态安全的内涵作了进一步诠释，从保障人类健康发展状态角度出发，通过建立全球更加优化的生态安全监测系统，实现人类社会健康繁荣；第三阶段始于 90 年代初期，为了给生态安全概念和理论提供依据，联合国环境与发展大会通过了《21 世纪议程》等战略纲领，使世界各国及研究学者更加重视对生态环境安全问题的关注和研究，开展了大量的经验性研究和实践；21 世纪以来，生态安全研究迈上了一个新台阶，在 2001 年 6 月 5 日世界环境日上，联合国秘书长安南正式宣布启动实施全球范围内第一个针对生态系统变化对人类福利影响的科学评估计划——新千年全球生态系统评估（MA）项目，项目对开展国际间合作与交流，共同维护生态安全具有重要战略意义（刘纪远，2005）。目前，国外生态安全研究集中表现在 3 个领域：①环境污染和有害物质引起的生态风险评价；②国家政策层面的生态安全政策和决策制定；③微观的生态系统质量和健康评价。

我国政府真正意义上对生态安全的重视始于 20 世纪 90 年代，特别是 2000 年 12 月国务院发布的《全国生态保护纲要》中，第一次明确提出“维护国家生态环境安全”的目标，出现了“生态安全”概念。2014 年 4 月 15 日，中央国家安全委员会把我国对生态安全的认识提升到了一个新高度，明确提出将生态安全纳入国家安全法律体系。我国很多学者也从不同角度对生态安全的概念、理论方法、区域生态安全实验性研究等方面进行了阐述，出现了一大批论述性文章。著名环境科学家曲格平认为，生态安全是为了避免经济社会发展和自然生态环境相互妨碍的发生，从而实现经济社会的可持续发展，并提出生态安全具有生态系统的整体性、生态破坏的不可逆性、生态恢复的长期性以及生态安全的全球性 4 个特征（曲格平，2002）。汪慧玲等在驱动力—压力—状态—影响—相应（DPSIR）的理论基础上，选取 36 项有关生态安全指标，以 10 年时间为跨度，对我国生态安全状况进行了分析评价（汪慧玲，2016）。目前我国生态安全研究主要集中在探讨生态安全概念、方法和内容、研究进展等方面，经历了从定性描述到区域生态安全状态探讨、再到经济学理论和先进的技术手段（“3S”技术）的融入，使我国生态安全研究近年来得到了蓬勃发展。但由于研究实践时间较短，缺乏系统的理论与方法体系支撑和统一的学科研究体系，对生态安全的理论与实践、微观领域的探讨以及风险预警机制的构建还存在争论（崔胜辉，2005）。

生态系统综合评价包括生态环境质量评价、生态风险评价、生态系统健康评价等内容，生态安全评价也属于生态系统综合评价的一种。生态安全评价是指在生态环境质量评价成果的基础上，按照生态系统本身为人类提供服务功能的状况和保障人类社会经济与农业可持续发展的要求，对生态环境因子及生态系统整体，对照一定的标准，进行的生态安全状况评估。生态安全评价的结果是生态系统所处的某种确切的安全性状态，不同于生态风险评价的实现或达到这种状态的可能性。生态安全评价既可以针对现状，也可以预测未来。生态系统健康评价指生态系统对于外界干扰是否能够维持自身的结构和功能，而生态安全评价是指生态系统在保持健康的结构和功能情况下能否承受住人类正常的社会经济活动（刘红，2006）。

二、区域生态安全评价研究进展

目前，国内外关于生态安全评价的模型框架较多，如 PSR 模型、DSR 模型、DPSIR 模型等，各类模型均考虑了人类活动对环境的压力，自然资源的质和量的变化，以及人们为应对这些变化而采取的减少、预防和缓解自然环境不理想变化的措施，即响应。经济合作与发展组织（OECD）与联合国环境规划署（UNEP）于 1994 年共同提出的压力—状态—响应模型（PSR 模型），因具有综合性、灵活性和因果关系，目前被广泛承认和使用（田万慧，2016）。目前，国内采用 PSR 模型进行生态安全评价已有较多案例，主要针对某个省、市区域或城市群，如甘肃省（田万慧，2016）、济宁市（刘晓娜，2011）、重庆市（王三，2010）、深圳市（朱丽华，2009）、包头市（代小，2010）5 个西北地区省会城市（杜忠潮，2009）等，部分研究对象为沿海区域或流域，如大连市（高香玲，2009）、淮河流域（谈迎新，2012）、泊杞麓流域（董琼，2009）等。

高长波（2006）根据 PSR 模型框架，提出了一套完整的区域生态安全水平度量的指标体系和基于熵权法赋权的综合指数评价方法，从时间尺度上（1990—2004 年）对广东省生态安全进行定量评估和动态趋势分析。结果表明，广东省生态安全综合指数从 1990 年的 0.125 增加至 2004 年的 0.402，生态安全整体水平呈逐年上升趋势，但发展过程中存在的问题是区域生态压力在不断加大及生态安全现状水平仍处于“较不安全”状态。高长波对广东省环境规划的实施效果进行预测评估，得出在实现环境目标的情景下，2010 规划年和 2020 规划年的生态安全综合指数将分别达到 0.533（临界安全）和 0.691（较安全），评价方法简单直观，评价结果客观合理。

陈勇（2005）基于生态安全和可持续发展需求，整合各类景观要素形成了珠三角城市群“两带五廊”生态空间格局优化方案。2014 年，为推进珠三角生态安全一体化建设，为区域经济社会可持续发展提供生态保障与环境支撑，广东省政府制定了《珠江三角洲地区生态安全体系一体化规划（2014—2020 年）》，构建了“一屏、一带、两廊、多核”的生态安全格局。

高长波（2006）根据 PSR 模型，构建了 3 个要素 33 项指标的城市生态安全水平度量指标体系，并运用客观的熵权法赋权、模糊评价对广州、深圳等经济发达城市的生态安全水平进行量化分析。结果表明，2003 年广州、深圳均处于“临界安全”状态，深圳市生态系统压力较大。

朱丽华（2009）根据 PSR 模型，从资源环境压力、资源环境状况、人文环境影响 3 个方面构建了城市生态安全评价指标体系，在此基础上建立了一个综合评价模型，并对深圳市 2002—2006 年的生态安全状况进行了评价，评价结果表明深圳市近 5 年的生态安全水平总体呈上升趋势，其中 2003 年处于“不安全”状态，2002 年、2004 年、2005 年处于“临界安全”状态，2006 年处于“安全”状态。

林媚珍（2010）运用基于 PSR 模型，构建中山市生态安全评价指标体系，采用层次分析法确定各指标因子的权重，通过数学模型计算出各指标的安全值。结果显示，2006 年中山市生态环境压力、生态环境状态、人文响应子系统的安全值分别为 0.160 1、

0.267 7、0.273 6；中山市生态安全综合值为 0.701 4，属于较安全级别，表明中山市的生态环境系统在人文响应子系统的良好控制下状态较好，生态环境系统承受的压力较小，“人口—资源—环境—经济”复合系统处于相对协调的状态，但该值也濒临“临界安全值”等级，有必要进一步加强环境综合整治、优化景观生态格局。

龚建周（2009）对 1990—2005 年快速城市化下广州市生态安全变化时空特征进行分析。研究表明，广州市在经济快速发展的近 15 年来，生态安全水平相对比较稳定，占总面积 71.14%的区域保持相对较稳定的水平，增大、减小类型的面积比例分别为 15.99%和 12.88%；生态安全指数的变化存在明显的空间分异，东北部的增城和从化境内以基本不变化和略微减小为主，花都区的东南部、中心城区以及番禺区内以增加类型为主。

陶晓燕（2010）在有序分割类和属性识别准则的基础上，构建了由活力、组织结构、恢复力、生态系统服务功能和人类健康状况 5 个要素构成的城市生态安全评价指标体系，采用层次分析法（AHP）和熵权法赋予指标权重。结果表明，1991—2007 年广州市城市生态安全状况从“较不安全级”上升到“临界安全”级，5 个评价要素中，除人群健康状况外，其他 4 个评价要素呈逐年改善的趋势。

曾乐春（2011）运用 PSR 模型构建土地资源生态安全评价指标体系，对广州市土地资源安全状况进行纵向和横向评价分析，并以 R/S 分析法对其未来安全趋势进行预测，以系统聚类分析法对市辖 10 区 2 市安全差异进行分析。结果显示，广州市 1995—2005 年 11 年中土地资源生态安全一直处于较低水平，主要是源于城市建设需求、生态环境和人口增长等方面的压力太大；市辖 10 区 2 市土地资源生态安全差异明显，从化区安全水平在全市最高，越秀最低；其中，越秀、东山、荔湾 3 区因生态用地少、人口密度太高等而安全水平最低；天河、黄埔、海珠、芳村安全水平居中，该 4 区虽然人均绿地、水域面积等方面具有优势，但建设用地扩张太快成为影响其安全水平的一个主要因素；剩余 3 区 2 市因土地后备资源相对较多、生态用地丰富而安全水平相对最高。

综上，国内外学者大都采用 PSR 等模型进行区域生态安全评价，不同研究者构建的指标体系、研究方法存在不同程度差异，研究结果有所不同。因此，不同研究相互之间的可比性不高，但在采用相同指标体系及研究方法的前提下，区域生态安全水平及其历史变化趋势具有一定的研究意义。

第二节 研究方法

生态安全评价的关键在于指标体系的构建和指标权重的确定，指标数据量化是顺利开展评价工作的基础，指标权重确定是保证评价结论合理的关键。各类指标按照可获取性、科学性、完整性原则予以选取，并按效益型、成本型两类指标采用极差标准化方法对原始数据进行标准化处理，但不同研究构建的指标体系存在一定差异。

一、评价指标选取

评价指标体系的选择和确定是评价研究内容的基础和关键，直接影响到评价的精度和结果，指标体系的建立既要体现生态环境的安全现状和区域生态环境的系统完整性，又要体现区域经济社会及生态系统的可持续性和对生态环境安全要求的前瞻性。

参考相关文献、资料，压力指标中，资源压力包括人均耕地面积、人均水资源量、水土流失率、人均煤炭消费量（折算标准煤）、人均汽油消费量、人均年供气量、人均电力消耗；环境压力包括单位面积化肥施用量、单位面积农药施用量、万元 GDP SO_2 排放量、万元 GDP 工业烟尘排放量、万元 DGP 工业废水排放总量、万元 DGP 生活污水排放总量、万元 GDP COD 排放量、万元 GDP 固体废物排放量、自然灾害成灾率、危险废物产生量；社会经济压力包括工业总产值、人均 GDP、人口密度、人口自然增长率、城镇化率、GDP 增长率、每万人拥有公交车量、每万人拥有医生数、每万人拥有病床数。

状态指标中，环境状态包括空气质量指数、空气质量优良天数比例、水环境功能区达标率、人均公共绿地面积、自然保护区覆盖率、主城区区域环境噪声达标率、酸雨频率；社会经济状态包括登记失业率、人均住房面积、人均城市道路面积、城市用气普及率、人均建设用地面积、第三产业产值贡献率、第一产业产值贡献率；资源状态包括森林覆盖率、饮用水水源水质达标率、原煤消耗比例、万元 GDP 能耗（以标煤计）、万元 GDP 用水量、燃气普及率。

响应指标中，环境响应指标包括城市生活污水处理率、工业废水排放达标率、工业用水重复利用率、生活垃圾无害化处理率、工业固体废物综合利用率、建成区绿化覆盖率、环保投资占 GDP 比重；社会经济响应指标包括科教投资占 GDP 比重、研发经费占 GDP 比重、环保宣传教育普及率、每万人高等学历人数、每万人学校数量、每万人藏书量、在校学生数、城市基础设施投资、公交线路总长度、每万人医疗机构数量等。

通过对广州市生态安全环境质量问题的了解，从生态安全的内涵出发，依据层次分析法原理，按照上述指导思想和构建原则，并结合区域生态资源、环境状况和社会经济发展的实际状况，经过资料查询，设计能够反映广州市社会、经济、资源与环境协调发展的指标，形成具有目标层、准则层和指标层的区域生态安全评价指标体系。目标层即区域生态安全综合评价指数，总体反映生态安全的程度和水平，目标层包括压力指标、状态指标和响应指标 3 个复合指标。经反复筛选、比较研究，广州市生态安全评价具体的评价指标见表 8-1。

表 8-1 广州市生态安全评价指标体系

目标层	要素层	指标层	取值	标准参考值	依据	来源	备注
压力指标（A1）	资源压力（B1）	人均耕地面积（C1）	正	0.19 亩/万人	2015 年世界平均		
		人均水资源量（C2）	正	2 354.9 m^3/人	2016 年国家平均	《中国统计年鉴 2017》	
		饮用水水源水质达标率（C3）	正	100%	国家标准	《国家生态文明建设示范县、市指标（试行）》	各区评估不涉及
		森林覆盖率（C4）	正	≥40%	国家标准	《国家生态文明建设示范县、市指标（试行）》	各区评估不涉及
	环境压力（B2）	每公顷耕地化肥施用量（C5）	负	225 kg/hm^2	国际公认	陈晓明，2016	
		万元 GDP SO_2 排放量（C6）	负	<5.0 kg/万元	国家标准	《生态县、生态市、生态省建设指标（修订稿）》	
		万元 GDP 生活污水排放总量（C7）	负	211.9 kg/万元	国家标准	《2016 年环境统计年报 》	
		万元 GDP 工业废水排放总量（C8）	负	11.4 kg/万元	国家标准	《2016 年环境统计年报 》	
		万元 GDP 化学需氧量排放量（C9）	负	<4.0 kg/万元	国家标准	《生态县、生态市、生态省建设指标（修订稿）》	
		万元 GDP 固体废物排放量（C10）	负	25.33 kg/万元	国家平均	《2016 年环境统计年报 》	
	社会经济压力（B3）	人均 GDP（C11）	正	5.4 万元/人	2016 年国家平均	《中国统计年鉴 2017》	
		GDP 增长率（C12）	正	5.86%	2016 年国家平均	《中国统计年鉴 2017》	
		人口密度（C13）	负	144 人/km^2	2016 年国家平均	《中国统计年鉴 2017》	
		人口自然增长率（C14）	负	5.86‰	2016 年国家平均	《中国统计年鉴 2017》	各区评估不涉及
		城镇化率（C15）	负	≥55%	国家标准	《生态县、生态市、生态省建设指标（修订稿）》	各区评估不涉及

目标层	要素层	指标层	取值	标准参考值	依据	来源	备注
状态指标（A2）	资源状态（B4）	人均电力使用量（C16）	正	3 927.04 kW·h/人	2016 年国家平均	《中国统计年鉴 2017》	各区评估不涉及
		万元 GDP 能耗（以标煤计）（C17）	负	0.7 t/万元（以标煤计）	国家标准	《国家生态文明建设示范县、市指标（试行）》	
		万元 GDP 用水量（C18）	负	50 m³/万元	国家标准	《国家生态文明建设示范县、市指标（试行）》	
	环境状态（B5）	空气质量优良天数比例（C19）	正	≥85%	国家标准	《国家生态文明建设示范县、市指标（试行）》	
		水质达到或优于III 类比例（C20）	正	≥75%	国家标准	《国家生态文明建设示范县、市指标（试行）》	
		人均公共绿地面积（C21）	正	≥13 m²/人	国家标准	《国家生态文明建设示范县、市指标（试行）》	
		受保护区占国土面积比例（C22）	正	≥22%	国家标准	《国家生态文明建设示范县、市指标（试行）》	
		生态环境状况指数（C23）	正	≥55	国家标准	《国家生态文明建设示范县、市指标（试行）》	
		区域环境噪声平均值（C24）	正	54 dB（A）	国家平均	《2016 中国环境状况公报》	
	社会经济状态（B6）	人均建设用地面积（C25）	负	105 m²/人	国家标准	《城市用地分类与规划建设用地标准》	各区评估不涉及
		城镇登记失业率（C26）	负	4.02%	2016 年全国平均	《中国统计年鉴 2017》	各区评估不涉及
		第三产业产值比例（C27）	正	≥50%	国家标准	《生态县、生态市、生态省建设指标（修订稿）》	

目标层	要素层	指标层	取值	标准参考值	依据	来源	备注
响应指标（A3）	环境响应（B7）	城市生活污水处理率（C28）	正	95%	国家标准	《国家生态文明建设示范县、市指标（试行）》	
		生活垃圾无害化处理率（C29）	正	95%	国家标准	《国家生态文明建设示范县、市指标（试行）》	
		工业固体废物综合利用率（C30）	正	90%	国家标准	《国家生态文明建设示范县、市指标（试行）》	
		建成区绿化覆盖率（C31）	正	40%	国家标准	《城市园林绿化评价标准》（GB 50563—2010）	各区评估不涉及
	社会经济响应（B8）	科教投资占 GDP 比重（C32）	正	≥5%	国家标准	《生态县、生态市、生态省建设指标（修订稿）》	各区评估不涉及
		每万人高等学历人数（C33）	正	1 000 人/万人	国家标准	《生态县、生态市、生态省建设指标（修订稿）》	各区评估不涉及
		每万人学校数量（C34）	正	20 所/万人	国家标准	《生态县、生态市、生态省建设指标（修订稿）》	
		每万人医疗机构数量（C35）	正	7 个/万人	2016 年国家平均	《2016 年我国卫生和计划生育事业发展统计公报》	

各项指标源于《广州市统计年鉴》《广东省农村统计年鉴》（水土流失面积）、《广州市环境状况公报》《广州市环境质量报告书》《广东省水资源公报》《广州市水资源公报》等资料，各项指标评价标准参考全球平均水平、国际公认值、国家标准或全国平均水平，主要源于《中国统计年鉴（2017 年）》《国家生态文明建设示范县、市指标（试行）》《生态县、生态市、生态省建设指标（修订稿）》《2016 年环境统计年报》《2016 中国环境状况公报》《全国城市市政基础设施建设“十三五”规划》《城市用地分类与规划建设用地标准》《城市园林绿化评价标准》（GB 50563—2010）《2016 年我国卫生和计划生育事业发展统计公报》等。

根据评价尺度的不同和数据收集情况，广州市 11 区可获取的指标包括 25 项：人均耕地面积（亩/万人）、人均水资源量（m^3/人）、每公顷耕地化肥施用量（kg/hm^2）、万元 GDP SO_2 排放量（kg/万元）、万元 GDP 生活污水排放总量（t/万元）、万元 GDP 工业废水排放总量（kg/万元）、万元 GDP 化学需氧量（kg/万元）、万元 GDP 固体废物排放量（kg/万元）、人均 GDP（元）、GDP 增长率（%）、人口密度（人/km^2）、万元 GDP 能耗（以标煤计，t/万元）、万元 GDP 用水量（m^3/万元）、空气质量优良天数比例（%）、主要水体Ⅰ～Ⅲ类水质断面或点位次数比例（%）、人均公共绿地面积（m^2/人）、保护区面积改比例（km^2）、生态环境状况指数、区域环境噪声达标率（%）、第三产业产值比例（%）、城市生活污水处理率（%）、生活垃圾无害化处理率（%）、一般工业固体废物综合利用率（%）、每万人学校数量（所/万人）、每万人医疗机构数量（个/万人）。

二、指标权重确定

指标权重确定采用熵权法，参考第五章第二节中的评价指标权重确定方法。

三、生态安全分级标准

依据常用的生态安全分级标准，生态安全按 5 个级别划分，见表 8-2（田万慧，2016）。

表 8-2　区域生态安全综合评价判断标准

生态安全阈值	安全等级	评价结果	表征状态	描述
＜0.4	Ⅰ	恶劣	重警	人类活动对生态环境影响很大，城市资源环境超载严重，需依托外部资源维持生态系统稳定，生态系统处于不安全状态
0.4～0.6	Ⅱ	较差	中警	人类活动对生态环境影响一般，城市资源环境超载较严重，生态系统压力较大

生态安全阈值	安全等级	评价结果	表征状态	描述
0.6～0.7	Ⅲ	一般	预警	人类活动对生态环境影响在可接受范围，城市生态系统处于临界状态，生态系统压力处于不稳定状态
0.7～0.9	Ⅳ	良好	较安全	人类活动对生态环境影响较小，城市生态系统处于较安全状态，生态系统较稳定
≥0.9	Ⅴ	理想	安全	人类活动对生态环境影响很小，城市生态系统处于安全状态，生态系统稳定

第三节 评价结果

一、广州市生态安全评价结果

根据前述选定的评价指标和评价方法，本书对广州市生态安全进行评价，涉及压力指标、状态指标和响应指标 3 个方面共 35 个指标，指标现状数据的获取主要通过广州市统计年鉴、广东省农村统计年鉴、广州市环境质量报告书的查询和广州市生态环境部门提供等途径，详见表 8-3。本次评价主要对广州市 2005—2016 年生态安全进行评价，评价指标权重的确定采用熵权法（表 8-4）。

根据广州市 2005—2016 年生态安全评价结果（表 8-5、表 8-6、图 8-1、图 8-2）：2005—2016 年广州市生态安全指数基本呈逐年波动上升趋势，广州市生态安全状况趋于变好。2005 年广州市生态安全评价得分均低于 0.4 分，生态安全状况恶劣；2006—2012 年，广州市生态安全评价得分呈逐年上升趋势，生态安全等级得分由 0.433 提升到 0.549，生态安全等级为Ⅱ级，处于较差状态；2013—2016 年，广州市生态安全评价得分由 0.610 分波动上升到 0.640 分，生态安全等级为Ⅲ级。总体而言，近 11 年，广州市生态安全状况趋于变好。

二、广州市各区生态安全评价结果

由于各区部分指标数据不可得，此处参照前述选定的部分评价指标和评价方法，仅对广州市 11 个区 2016 年生态安全状况进行评价。评价指标涉及压力指标、状态指标和响应指标 3 个方面共 25 个指标，指标现状数据的获取主要通过查询广州市统计年鉴、各区 2016 年度国民经济和社会发展统计公报或统计年鉴、广东省农村统计年鉴、广州市环境质量报告书和广州市生态环境部门提供等途径，指标现状数据详见表 8-3，评价指标权重的确定采用熵权法，结果见表 8-7。各区生态安全评价结果见表 8-8。

表 8-3 广州市生态评价指标现状数据

编号	目标层	要素层	指标名称	2005 年	2006 年	2007 年	2008 年	2009 年	2010 年	2011 年	2012 年	2013 年	2014 年	2015 年	2016 年
C1	压力指标（A1）	资源压力（B1）	人均耕地面积/（km^2/万人）	1.370	1.093	1.040	1.003	0.849	0.792	0.781	0.772	0.759	0.737	0.707	0.678
C2			人均水资源量/（m^3/人）	769	964	657	905	510	636	445	597	631	628	658	750
C3			饮用水水源水质达标率/%	71.1	67.9	76.0	81.0	82.2	89.6	100.0	100.0	100.0	100.0	100.0	100.0
C4			森林覆盖率/%	42.70	39.90	41.10	41.20	38.20	41.40	41.66	41.81	41.96	42.03	41.99	42.14
C5		环境压力（B2）	每公顷耕地化肥施用量/（kg/hm^2）	753.37	857.94	872.24	869.24	952.64	1 068.23	1 077.76	1 075.42	1 133.74	1 171.32	1 196.89	1 199.28
C6			万元 GDP SO_2 排放量/（kg/万元）	2.89	2.12	1.48	1.27	0.99	0.84	0.55	0.49	0.42	0.35	0.28	0.11
C7			万元 GDP 生活污水排放总量/（t/万元）	20.49	17.73	12.66	11.06	10.21	9.35	9.41	9.60	8.72	8.51	7.91	7.24
C8			万元 GDP 工业废水排放总量/（t/万元）	3.93	3.36	2.95	4.16	2.85	2.19	1.98	1.67	1.38	1.34	1.03	0.99
C9			万元 GDP 化学需氧量排放量/（kg/万元）	2.23	1.87	1.88	1.55	1.32	0.88	1.57	1.32	1.13	1.03	0.96	0.60
C10			万元 GDP 固体废物产生量/（kg/万元）	104.85	103.92	85.43	79.88	90.72	64.38	55.51	47.57	38.34	32.46	28.39	29.01
C11		社会经济压力（B3）	人均 GDP/（元/人）	53 809	62 495	69 673	76 440	79 383	87 458	97 588	105 909	120 294	128 478	136 188	141 933
C12			GDP 增长率/%	15.81	18.00	17.40	16.06	10.27	17.62	15.59	9.08	14.36	7.81	8.34	7.99
C13			人口密度/（人/km^2）	1 010	1 023	1 351	1 370	1 390	1 710	1 715	1 727	1 739	1 759	1 816	1 889
C14			人口自然增长率/%	3.21	3.53	3.75	4.46	4.27	6.78	5.29	6.27	8.56	8.02	11.94	10.45
C15			城镇化率/%	91.51	82.04	82.17	82.23	82.53	83.78	84.13	85.02	85.27	85.43	85.53	86.06

编号	目标层	要素层	指标名称	2005 年	2006 年	2007 年	2008 年	2009 年	2010 年	2011 年	2012 年	2013 年	2014 年	2015 年	2016 年
C16	状态指标（A2）	资源状态（B4）	人均电力使用量/（kW·h/人）	4 482	4 812	5 247	5 362	4 778	4 925	5 204	5 406	5 498	5 855	5 772	5 864
C17			万元 GDP 能耗/（以标煤计，t/万元）	0.78	0.75	0.71	0.68	0.65	0.56	0.53	0.51	0.36	0.35	0.31	0.30
C18			万元 GDP 用水量/（m^3/万元）	172	138	120	95	82	70	59	51	44	40	37	33
C19		环境状态（B5）	空气质量优良天数比例/%	65.90	66.27	66.04	68.43	68.85	70.83	71.43	71.23	71.23	77.50	85.50	84.70
C20			水质达到或优于III 类比例/%	48.80	48.80	48.80	48.80	48.80	48.80	55.00	55.00	67.50	60.50	62.80	53.80
C21			人均公共绿地面积/（m^2/人）	11.30	12.00	12.60	13.00	13.80	15.00	15.01	15.05	15.87	16.14	16.50	16.80
C22			受保护区占国土面积比例/%	29.45	29.56	29.62	29.78	30.07	30.16	30.16	30.16	30.16	30.24	30.81	30.84
C23			生态环境状况指数	76	78	76	78	75	—	72.1	72.9	73	73.1	73	73
C24			区域环境噪声平均值/dB（A）	55.2	55.2	55	55	55	55.1	54.9	55	54.9	55.1	55.2	55.3
C25		社会经济状态（B6）	人均建设用地面积/（km^2/万人）	0.774	0.315	0.840	0.879	0.431	0.517	0.528	0.511	0.532	0.000	0.477	0.475
C26			城镇登记失业率/%	2.08	2.06	2.23	2.32	2.25	2.2	2.35	2.41	2.15	2.26	2.2	2.41
C27			第三产业产值比例/%	57.79	57.7	58.33	59.01	60.85	61.01	61.51	63.58	64.52	65.22	67.11	69.36

编号	目标层	要素层	指标名称	2005年	2006年	2007年	2008年	2009年	2010年	2011年	2012年	2013年	2014年	2015年	2016年
C28	响应	环境响应（B7）	城市生活污水处理率/%	49.4	50.6	64.2	69.2	78.9	88.1	79.4	82.7	91.4	98.7	93.2	94.3
C29			生活垃圾无害化处理率/%	85	100	98.39	88.2	90.16	92	81.4	80.4	87.1	86.8	95.2	96.1
C30			工业固体废物综合利用率/%	91.23	91.13	100	91.24	92.35	89.75	94.87	95.7	95.17	94.47	95.15	96.48
C31			建成区绿化覆盖率/%	36.38	36.79	37.14	37.46	38.21	40.15	40.15	40.30	41.01	41.50	41.60	41.80
C32		社会经济响应（B8）	科教投资占 GDP 比重/%	0.97	0.90	1.43	1.47	1.56	1.33	1.75	2.03	1.99	1.71	2.08	2.23
C33			每万人在校高等学历人数/（人/万人）	738.58	814.28	888.35	938.77	1 001.75	1 046.88	1 100.1	1 142.17	1 181.11	1 209.96	1 221.3	1 214.58
C34			每万人学校数量/（所/万人）	2.1	1.9	1.4	1.7	1.5	1.4	1.3	1.3	1.3	1.3	1.3	1.2
C35			每万人医疗机构数量/（个/万人）	2.7	2.7	2.5	2.3	2.0	1.9	2.7	2.7	2.9	2.9	2.8	2.7

表 8-4　广州市生态安全评价指标权重

目标层	要素层	指标层	权重
压力指标（A1）	资源压力（B1）	人均耕地面积	0.038
		人均水资源量	0.043
		饮用水水源水质达标率	0.034
		森林覆盖率	0.042
	环境压力（B2）	每公顷耕地化肥施用量	0.032
		万元 GDP SO_2 排放量	0.025
		万元 GDP 生活污水排放总量	0.025
		万元 GDP 工业废水排放总量	0.024
		万元 GDP 化学需氧量	0.020
		万元 GDP 固体废物排放量	0.022
	社会经济压力（B3）	人均 GDP	0.019
		GDP 增长率	0.020
		人口密度	0.030
		人口自然增长率	0.018
		城镇化率	0.012
状态指标（A2）	资源状态（B4）	人均电力使用量	0.021
		万元 GDP 能耗	0.033
		万元 GDP 用水量	0.036
	环境状态（B5）	空气质量优良天数比例	0.046
		水质达到或优于III 类比例	0.039
		人均公共绿地面积	0.043
		受保护区占国土面积比例	0.039
		生态环境状况指数	0.047
		区域环境噪声平均值	0.021
	社会经济状态（B6）	人均建设用地面积	0.027
		城镇登记失业率	0.022
		第三产业产值比例	0.023

目标层	要素层	指标层	权重
响应指标（A3）	环境响应（B7）	城市生活污水处理率	0.024
		生活垃圾无害化处理率	0.027
		工业固体废物综合利用率	0.028
		建成区绿化覆盖率	0.030
	社会经济响应（B8）	科教投资占 GDP 比重	0.024
		每万人高等学历人数	0.020
		每万人学校数量	0.027
		每万人医疗机构数量	0.019

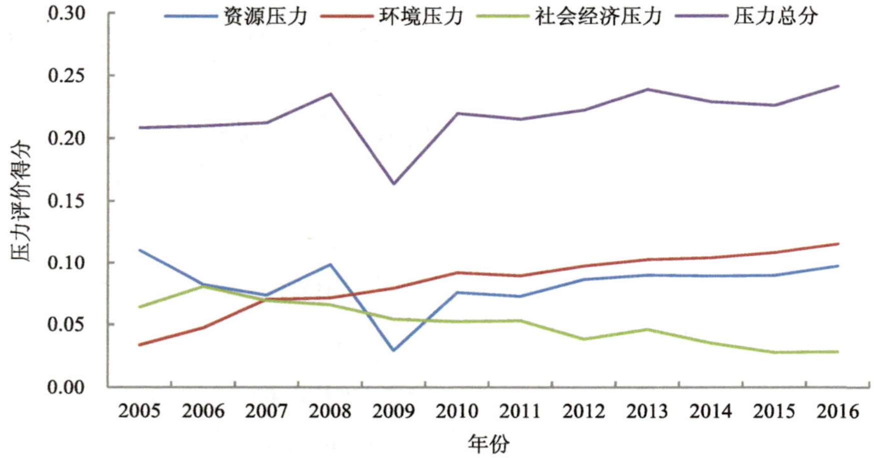

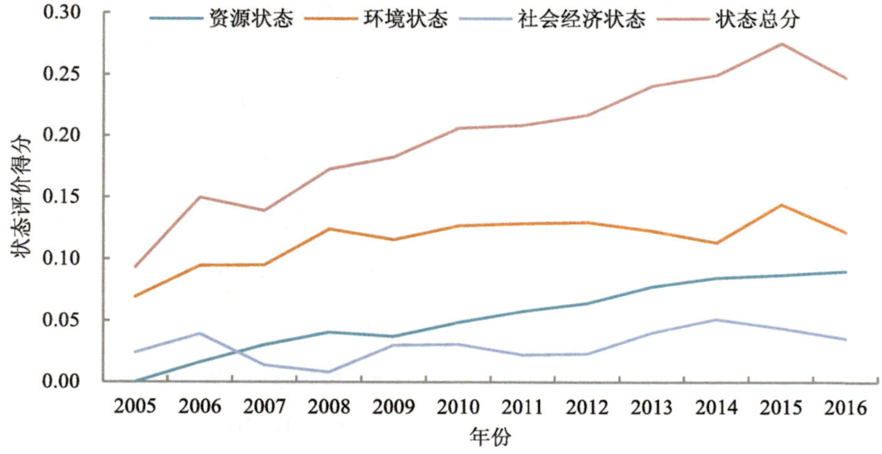

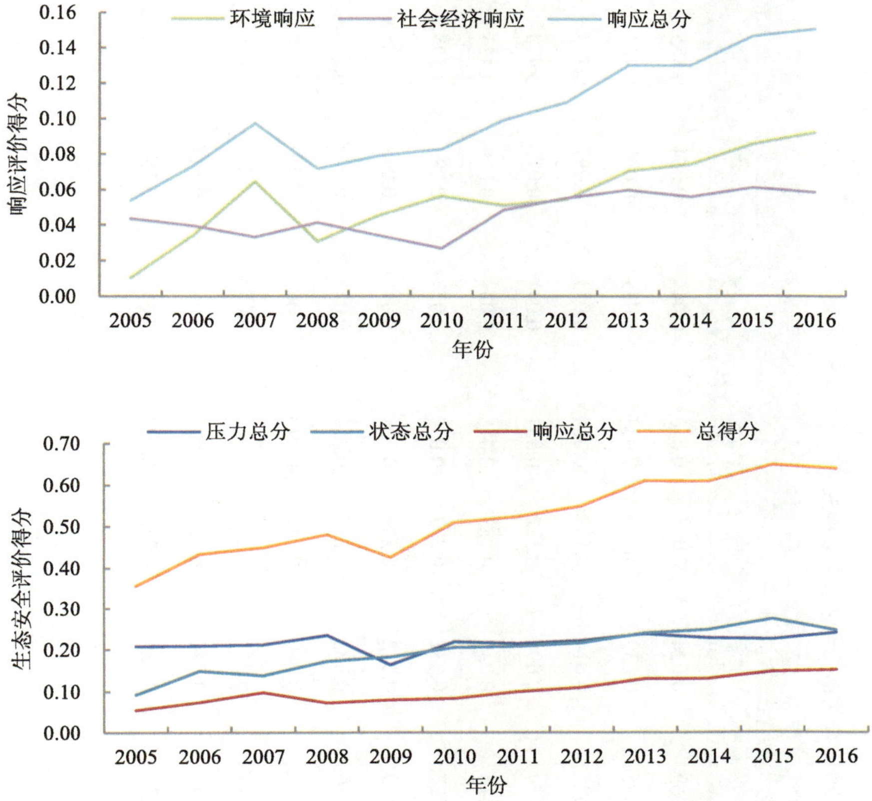

图 8-1　广州市 2005—2016 年生态安全评价结果

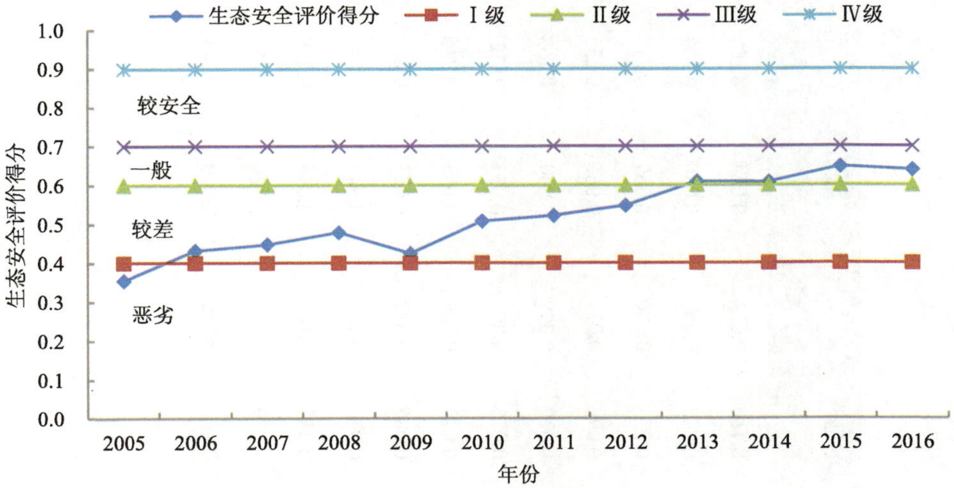

图 8-2　广州市 2005—2016 年生态安全评价综合图

表 8-5 广州市 2005—2016 年生态安全评价得分构成

年份	压力				状态				响应			总得分
	资源压力	环境压力	社会经济压力	小计	资源状态	环境状态	社会经济状态	小计	环境响应	社会经济响应	小计	
2005	0.110	0.034	0.064	0.208	0.000	0.069	0.024	0.093	0.010	0.044	0.054	0.355
2006	0.082	0.047	0.080	0.209	0.016	0.095	0.039	0.15	0.034	0.039	0.073	0.433
2007	0.073	0.070	0.069	0.212	0.030	0.095	0.014	0.139	0.064	0.033	0.097	0.448
2008	0.098	0.071	0.066	0.235	0.040	0.124	0.008	0.172	0.031	0.041	0.072	0.480
2009	0.030	0.079	0.054	0.163	0.037	0.116	0.030	0.183	0.045	0.034	0.079	0.425
2010	0.075	0.092	0.053	0.22	0.049	0.127	0.031	0.207	0.056	0.027	0.083	0.508
2011	0.073	0.089	0.053	0.215	0.058	0.129	0.022	0.209	0.051	0.048	0.099	0.523
2012	0.086	0.097	0.039	0.222	0.064	0.130	0.023	0.217	0.054	0.055	0.109	0.549
2013	0.090	0.102	0.047	0.239	0.078	0.123	0.040	0.241	0.070	0.060	0.13	0.610
2014	0.089	0.104	0.036	0.229	0.085	0.113	0.051	0.249	0.074	0.056	0.13	0.609
2015	0.089	0.108	0.029	0.226	0.087	0.144	0.044	0.275	0.086	0.061	0.147	0.648
2016	0.097	0.115	0.029	0.241	0.090	0.122	0.035	0.247	0.092	0.059	0.151	0.640

表 8-6 广州市 2005—2016 年生态安全评价结果

年份	生态安全评价得分	生态安全等级	评价结果	表征状态	结果分析
2005	0.355	Ⅰ	恶劣	重警	总体而言，2005—2016 年：①受经济发展影响，广州市社会经济压力、资源压力增加，环境压力减少，综合压力有所降低；②状态得分上升，主要原因在于资源利用效率逐渐增加，水环境、气环境质量总体上升；③响应得分上升，原因在于环境基础设施改善，水、气污染治理及固体废物综合处置率提升
2006	0.433	Ⅱ	较差	中警	
2007	0.448	Ⅱ	较差	中警	
2008	0.480	Ⅱ	较差	中警	
2009	0.425	Ⅱ	较差	中警	
2010	0.508	Ⅱ	较差	中警	
2011	0.523	Ⅱ	较差	中警	
2012	0.549	Ⅱ	较差	中警	
2013	0.610	Ⅲ	一般	预警	
2014	0.609	Ⅲ	一般	预警	
2015	0.648	Ⅲ	一般	预警	
2016	0.640	Ⅲ	一般	预警	

表 8-7 广州市各区生态安全评价指标权重

目标层	要素层	指标层	权重
压力指标（A1）	资源压力（B1）	人均耕地面积	0.049 2
		人均水资源量	0.055 0
	环境压力（B2）	每公顷耕地化肥施用量	0.031 6
		万元 GDP SO_2 排放量	0.034 4
		万元 GDP 生活污水排放总量	0.035 1
		万元 GDP 工业废水排放总量	0.039 6
		万元 GDP 化学需氧量排放量	0.035 8
		万元 GDP 固体废物排放量	0.036 7

目标层	要素层	指标层	权重
压力指标（A1）	社会经济压力（B3）	人均 GDP	0.022 6
		GDP 增长率	0.028 1
		人口密度	0.032 1
状态指标（A2）	资源状态（B4）	万元 GDP 能耗	0.032 6
		万元 GDP 用水量	0.037 6
	环境状态（B5）	空气质量优良天数比例	0.057 2
		主要水体Ⅰ～Ⅲ类水质断面或点位次数比例	0.047 0
		人均公共绿地面积	0.051 8
		受保护区占国土面积比例	0.057 9
		生态环境状况指数	0.045 7
		区域环境噪声平均值	0.050 2
	社会经济状态（B6）	第三产业产值比例	0.039 5
响应指标（A3）	环境响应（B7）	城市生活污水处理率	0.048 5
		生活垃圾无害化处理率	0.046 2
		一般工业固体废物综合利用率	0.042 9
	社会经济响应（B8）	每万人学校数量	0.021 1
		每万人医疗机构数量	0.021 8

表 8-8 广州市各区生态评价指标现状数据

编号	目标层	要素层	指标名称	荔湾区	越秀区	海珠区	天河区	白云区	黄埔区	番禺区	花都区	南沙区	从化区	增城区
C1	压力	资源压力（B1）	人均耕地面积/（亩/万人）	99.73	0.00	14.56	25.20	570.97	298.45	653.53	1 576.50	3 864.56	4 767.51	3 477.52
C2			人均水资源量/（m^3/人）	80.90	36.83	69.70	74.72	412.21	612.68	404.60	1 373.74	1 235.21	4 902.72	2 126.01
C3		环境压力（B2）	每公顷耕地化肥施用量/（kg/hm^2）	253.66	0	2 270.44	572.99	1 819.15	2 030.18	672.03	1 449.08	2 289.84	582.71	715.99
C4			万元 GDP SO_2 排放量/（kg/万元）	0.029	0	0.006	0	0.031	0.390	0.013	0.132	0.361	0.034	0.182
C5			万元 GDP 生活污水排放总量/（t/万元）	9.900	4.617	12.227	4.965	13.901	3.899	9.107	8.297	3.612	8.215	11.422
C6			万元 GDP 工业废水排放总量/（kg/万元）	273.16	16.42	146.90	32.96	307.69	1 709.57	364.36	863.43	3 534.83	1 233.18	6 173.89
C7			万元 GDP 化学需氧量排放量/（kg/万元）	0.762	0.352	0.935	0.387	1.081	0.343	0.778	0.625	0.519	0.779	1.057
C8			万元 GDP 固体废物排放量/（kg/万元）	14.851	0.023	2.706	0.124	15.408	94.986	5.278	17.825	104.477	15.447	68.880
C9		社会经济压力（B3）	人均 GDP/元	116 867	250 580	94 624	233 036	67 191	271 749	106 860	110 793	186 085	59 051	91 404
C10			GDP 增长率/%	6.42	7.77	8.92	10.53	6.89	2.36	9.32	8.20	12.29	7.45	11.18
C11			人口密度/（人/km^2）	15 651	34 352	18 118	16 931	3 069	2 236	3 097	1 087	877	322	709
C12	状态	资源状态（B4）	万元 GDP 能耗（以标煤计）/（t/万元）	0.28	0.227	0.276	0.214	0.464	0.338	0.303	0.486	0.423	0.313	0.369
C13			万元 GDP 用水量/（m^3/万元）	18.18	7	16.74	7.29	25.84	18.66	25.94	40.95	45.7	58.58	65.6

编号	目标层	要素层	指标名称	荔湾区	越秀区	海珠区	天河区	白云区	黄埔区	番禺区	花都区	南沙区	从化区	增城区
C14	状态	环境状态（B5）	空气质量优良天数比例/%	82	83.6	88	86.3	85.5	94.8	82.8	86.6	87.7	98.1	92.6
C15			主要水体Ⅰ～Ⅲ类水质断面或点位次数比例/%	63.2	0	0	0	5.81	1.04	58.6	50.9	100	100	100
C16			人均公共绿地面积/（m^2/人）	7.43	5.69	11.06	18.23	17.3	23.23	27.2	16.2	30.02	16.36	20.58
C17			受保护区占国土面积比例/%	2.65	0.00	23.23	9.02	19.63	5.86	8.81	28.32	4.15	49.73	46.13
C18			生态环境状况指数（EI）	47	47.5	52	55.1	65.6	70.6	64.1	72.4	67.5	84.9	77.9
C19			区域环境噪声平均值/dB（A）	56.4	56.8	55	55.7	57.5	55.2	54.8	55.8	54.6	51.9	54.6
C20		社会经济状态（B6）	第三产业产值比例/%	78.58	98.14	86.97	90.03	78.52	37.21	62.46	43.63	31.71	49.43	48.01
C21	响应	环境响应（B7）	城市生活污水处理率/%	96	100	100	91	93	95	93.52	94.3	94.8	88.4	91.5
C22			生活垃圾无害化处理率/%	100	100	100	100	100	100	100	100	100	99.74	100
C23			一般工业固体废物处置利用率/%	99.99	100	100	100	99.3	90.87	87.445	97.09	100	86.68	87.27
C24		社会经济响应（B8）	每万人学校数量/（所/万人）	2.1	1.6	1.7	1.9	2.4	1.7	3.1	2.6	1.3	2.7	2.6
C25			每万人医疗机构数量/（个/万人）	2.3	2.8	1.6	3.0	2.3	2.3	1.7	4.1	2.9	5.4	3.9

根据各区生态安全评价结果（表 8-10、图 8-3），北部区域从化区生态安全评价得分最高，达 0.736 分，生态安全等级属于Ⅳ级，处于“较安全”状态；天河区次之，得分为 0.622 分，生态安全等级为“一般”；白云区生态安全评价得分最低，为 0.475 分，生态安全等级属于Ⅱ级，生态安全状况为“较差”；其他各区生态安全评价得分为 0.4～0.6，生态安全等级为Ⅱ级，生态安全状况为“较差”。总体而言，广州市下辖行政区中，北部区域生态安全得分普遍高于中部和南部区域。从各区的得分构成来看（表 8-9、图 8-4、图 8-5）：压力和状态得分是生态安全得分的主要构成，占比较响应得分要高。白云区得分最低与其响应指标和压力指标得分位居末位有直接的关系，尤其是万元 GDP 生活污水排放总量、万元 GDP 化学需氧量排放量、人均 GDP、万元 GDP 能耗、万元 GDP 用水量、空气质量优良天数比例、主要水体Ⅰ～Ⅲ类水质断面或点位次数比例和区域环境噪声平均值等指标在各区中均处于末位水平。

表 8-9 广州市各区 2016 年生态安全评价得分构成

行政区	压力				状态				响应		
	资源压力	环境压力	社会经济压力	小计	资源状态	环境状态	社会经济状态	小计	环境响应	社会经济响应	小计
荔湾区	0.002	0.177	0.040	0.219	0.062	0.052	0.031	0.145	0.135	0.015	0.150
越秀区	0.000	0.234	0.040	0.274	0.077	0.014	0.044	0.135	0.154	0.012	0.166
海珠区	0.001	0.136	0.042	0.179	0.063	0.099	0.037	0.199	0.154	0.005	0.159
天河区	0.001	0.222	0.065	0.288	0.078	0.088	0.039	0.205	0.112	0.017	0.129
白云区	0.011	0.120	0.048	0.179	0.031	0.095	0.031	0.157	0.119	0.019	0.138
黄埔区	0.011	0.118	0.059	0.188	0.054	0.156	0.004	0.214	0.098	0.010	0.108
番禺区	0.012	0.178	0.061	0.251	0.053	0.147	0.020	0.22	0.079	0.024	0.103
花都区	0.035	0.157	0.060	0.252	0.018	0.158	0.008	0.184	0.117	0.033	0.150
南沙区	0.060	0.092	0.082	0.234	0.023	0.196	0.000	0.219	0.130	0.008	0.138
从化区	0.117	0.170	0.052	0.339	0.028	0.314	0.012	0.354	0.000	0.043	0.043
增城区	0.067	0.070	0.067	0.204	0.016	0.261	0.011	0.288	0.068	0.032	0.100

表 8-10 广州市各区 2016 年生态安全评价结果

行政区	生态安全评价得分	生态安全等级	评价结果	表征状态	结果分析
白云区	0.475	Ⅱ	较差	中警	1）环境压力、社会经济压力较大：其中每公顷耕地化肥施用量、万元 GDP 生活污水和 COD 排放量较大，人均 GDP 较低； 2）资源状态、环境状态得分较低：万元 GDP 能耗较大，环境空气优良率、优良水体比例较低，环境噪声值较大
黄埔区	0.509	Ⅱ	较差	中警	1）环境压力较大：每公顷耕地化肥施用量，万元 GDP SO_2，工业废水和固体废物排放量大； 2）社会经济状态得分较低：优良水体比例、受保护区面积比例、第三产业占比较低； 3）环境响应与社会经济响应得分较低：工业固体废物综合利用率较低，每万人学校和医疗机构数量较少
荔湾区	0.514	Ⅱ	较差	中警	1）资源压力、社会经济压力较大：人均耕地面积、人均水资源量较少，万元 GDP 生活污水和 COD 排放量较大，人口密度较高； 2）环境状态评价值较低：环境空气优良率、人均公共绿地、受保护区国土面积比例、生态环境状况指数、环境噪声值均较低
海珠区	0.537	Ⅱ	较差	中警	1）资源、环境、社会经济压力较大：人均耕地面积、水资源量较少，每公顷耕地化肥施用量较高，万元 GDP 生活污水和 COD 排放量较大，人口密度较高； 2）环境状态较低：优良水体比例、人均公共绿地面积、生态环境状况指数较低； 3）社会经济响应值较低：每万人学校和医疗机构数量较少
番禺区	0.574	Ⅱ	较差	中警	环境响应指标较低：一般工业固体废物综合利用率较低、每万人医疗机构数量较少
越秀区	0.575	Ⅱ	较差	中警	1）资源压力、社会经济压力较大：人均耕地面积、水资源量较少，人口密度较高； 2）环境状态得分较低：环境空气优良率、优良水体比例、人均公共绿地面积、受保护区国土面积比例、生态环境状况指数、环境噪声值均较低

行政区	生态安全评价得分	生态安全等级	评价结果	表征状态	结果分析
花都区	0.586	Ⅱ	较差	中警	资源状态、社会经济状态评价结果较低：每公顷耕地化肥施用量较高，万元 GDP SO_2 和工业废水排放量较大
南沙区	0.590	Ⅱ	较差	中警	1）环境压力较大：每公顷耕地化肥施用量较高，万元 GDP SO_2、工业废水、固体废物排放量较大； 2）资源状态和社会经济状态评价结果较差：万元 GDP 能耗和用水量较大，人均公共绿地面积和第三产业比值偏低； 3）社会经济响应评价结果较低：每万人学校数量较少
增城区	0.592	Ⅱ	较差	中警	1）环境压力较大：万元 GDP SO_2、生活污水、工业废水、化学需氧量、固体废物排放量较大； 2）资源状态和社会经济状态评价结果较低：万元 GDP 能耗和用水量较大，第三产业比值偏低； 3）环境响应评价值较低：城市生活污水和一般工业固体废物处理率低
天河区	0.622	Ⅲ	一般	预警	1）资源压力较大：人均耕地面积和水资源量较少、人口密度较大； 2）环境状态评价结果较低：无优良水体，生态环境状况指数较低
从化区	0.736	Ⅳ	良好	较安全	1）资源和社会经济状态评价结果较低：万元 GDP 工业废水、COD 排放量大，人均 GDP 较低； 2）环境响应较低：一般工业固体废物综合利用率低

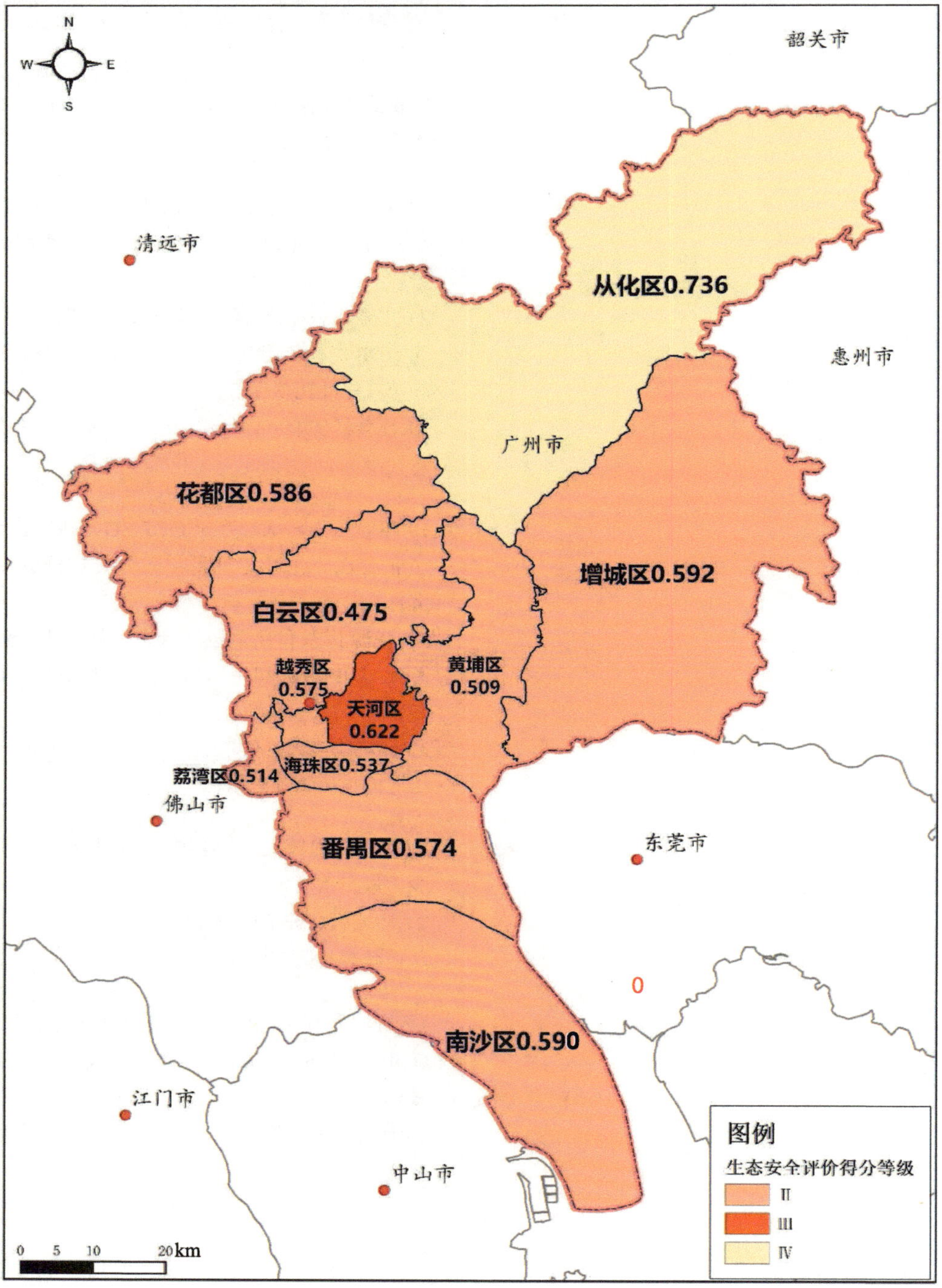

图 8-3 广州市下辖行政区 2016 年生态安全评价得分

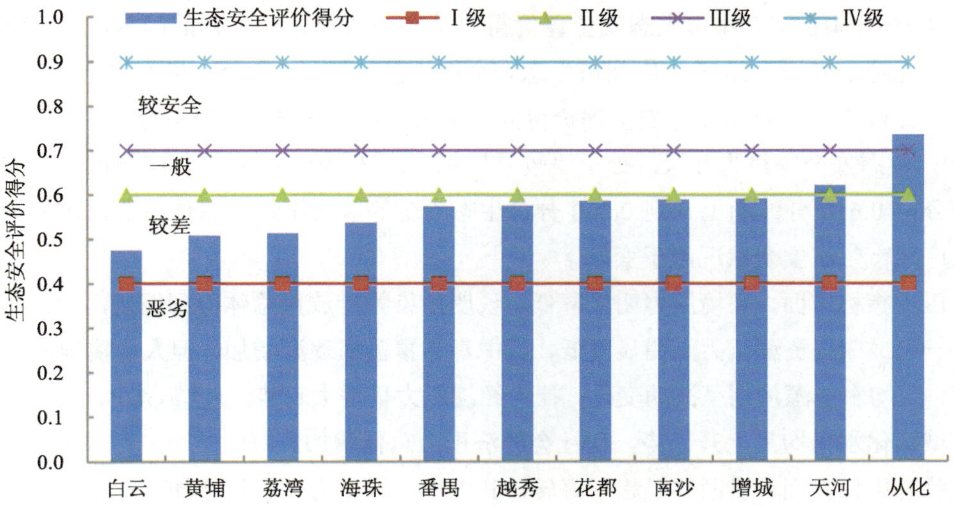

图 8-4 广州市下辖行政区 2016 年生态安全评价结果示意

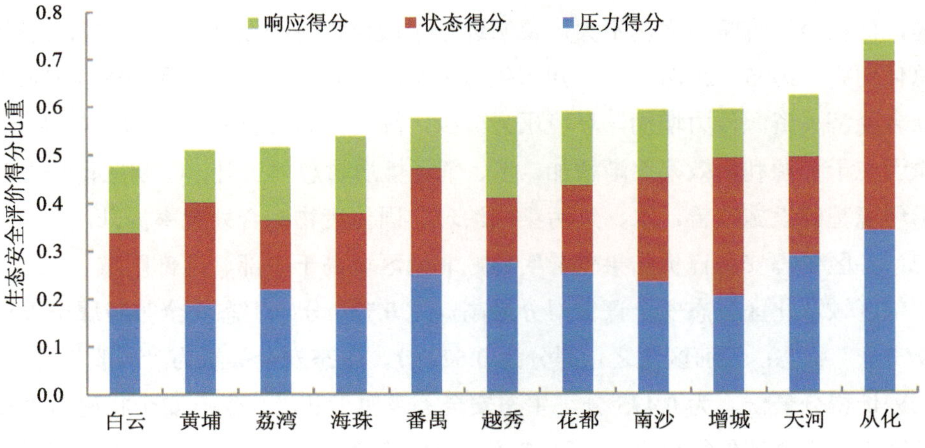

图 8-5 广州市下辖行政区 2016 年生态安全评价得分构成

第四节 演化特征与发展趋势分析

广州市生态安全评价共选取压力指标、状态指标和响应指标 3 个方面共 35 个指标。

（1）生态安全评价结果趋好

2005—2016 年广州市生态安全评价得分基本呈逐年波动上升的趋势，广州市生态安全状况趋于变好。2005 年广州市生态安全评价得分低于 0.4 分，生态安全状况恶劣；2006—2012 年，广州市生态安全评价得分逐年上升，生态安全等级得分由 0.433 提升到 0.549，生态安全等级为Ⅱ级，处于“较差”状态；2013—2016 年，广州市生态安全评价得分由 0.610 分波动上升到 0.640 分，生态安全等级为Ⅲ级。总体而言，2005—2016 年，广州市生态安全状况趋于变好。

压力指标方面，环境压力明显降低，说明污染物排放量总体得到控制，污染物减排取得一定成效；资源压力无明显降低，其中森林覆盖率逐渐增加，但人均耕地面积明显下降，人均水资源量则呈波动变化；社会经济压力呈增大趋势，人均 GDP、人口及增长率和城镇化水平均呈上升趋势，使社会经济压力总体增加。

状态指标方面，资源明显趋于好转，其中仅人均电力使用量增加，万元 GDP 能耗、用水量则逐年下降，能量及水资源利用效率增加；环境状态方面，空气质量、水质、人均公共绿地均有所增加，环境状态总体提升；社会经济状态除个别年份外总体得到改善，人均建设用地面积虽不断增加，但第三产业逐年提高，使社会经济状态总体有所提升。

响应指标方面，环境响应呈上升趋势，各类污染处理设施和建成区绿化覆盖率均得到提高，但社会经济响应变化不大，说明近年来教育、科研经费、人员方面变化不大。

总体而言，2005—2016 年，广州市生态安全状况趋于好转：①受经济发展影响，广州市社会经济、资源压力增加，环境压力减少，综合压力有所降低；②状态得分上升，主要原因在于资源利用效率逐渐增加，水、气环境质量总体上升；③响应得分上升，原因在于环境基础设施改善，水、气污染和治理、固体废物综合处置率提升。

（2）各区生态安全评价结果差异明显，北部区域高于中部、南部区域

北部区域从化区生态安全评价得分最高，达 0.736 分，生态安全等级属于Ⅳ级，处于“较安全”状态；天河区次之，得分为 0.622 分，生态安全等级为“一般”；白云区生态安全评价得分最低，为 0.475 分，生态安全等级属于Ⅱ级，生态安全状况为“较差”；其他各区生态安全评价得分为 0.4～0.6，生态安全等级为Ⅱ级，生态安全状况为“较差”。总体而言，广州市下辖行政区中，北部区域生态安全得分普遍高于中部和南部区域。

（3）与国内其他先进城市进行对比，广州市生态安全较优

2016 年，广州市生态安全评价得分最高，达 0.622 分，生态安全等级属于Ⅲ级，处“较安全”状态；北京市次之，得分为 0.610 分，生态安全等级属于Ⅲ级，生态安全为“一般”；深圳市得分为 0.507 分，生态安全等级为Ⅱ，生态安全“较差”；上海市生态安全评价得分最低，仅为 0.342 分，生态安全等级属于Ⅰ级，生态安全状况为“恶劣”。

第九章

生态环境状况综合评价

第一节 研究进展

一、相关政策要求及技术规范

美国于 1969 年开始要求大型工程在施工前编写环境影响报告书，随后加拿大、瑞典、澳大利亚等国先后确定了环境影响评价制度。生态稳定性、生态健康等指标，被用于生态环境质量评价（Ludwig，1993；Ferguson，1994）。随着《*Methods of environmental impact assessment*》（环境影响评估方法）的出版，欧美的环境影响评价方法在生态环境状况评估领域得到广泛运用（Morris，1995）。目前，联合国可持续发展委员会（CSD）提出的驱动力—状态—响应（DSR）模型评价体系、联合国统计处（UNSTAT）提出的可持续发展指标体系框架（FISD）、世界资源研究所（WRI）提出的绿色 GNP 体系、世界银行提出的“新国家财富”指标体系、美国三大机构合作推出的环境可持续指数（ESI）和环境绩效指数（EPI），从不同角度构建了评价指标体系，均被广泛用于区域生态环境状况评估（宋静等，2013）。

我国 1993 年开始发布环境影响评价系列导则，并于 2003 年开始施行《中华人民共和国环境影响评价法》，要求对规划及建设项目实施后对生态环境造成的不良影响进行分析、预测和评估。2006 年 5 月，国家环境保护总局首次颁布《生态环境状况评价技术规范（试行）》（HJ/T 192—2006），并于 2015 年修订。2011 年，环境保护部印发《国家重点生态功能区县域生态环境质量考核办法》（环发〔2011〕18 号），并每年发布考核工作实施方案，考核重点生态功能区涵盖 26 省 555 个县。2017 年 2 月，环境保护部印发了《关于加强“十三五”国家重点生态功能区县域生态环境质量监测评价与考核工作的通知》（环办监测函〔2017〕279 号），对重点生态功能区指标体系和监测工作模式进行了部分调整。现有生态环境状况评估的政策规定或规范，可用于县域、省域和生态区的生态环境状况及变化趋势评价。

除国家发布各类规范和要求外，广东省印发《广东省环境保护责任考核办法》《广东省环境保护责任考核指标体系》《广东省环境保护责任考核指标体系操作细则》，广州市于2017年印发《广州市印发实施环境保护目标责任考核办法》，对区域生态环境状况评估或考核提出了相应的规范要求，并明确了考核指标体系。

二、生态环境状况综合评价研究进展

《生态环境状况评价技术规范》发布以来，各省自2008年开始每年对外公布省、市、县级生态环境状况指数（EI）评价结果。基于EI的评价方法，山东省、京津冀、长江三角洲、武汉城市群等地已有相关研究报道（孟岩，2008；卢虹虹，2012；王静，2017）。根据《国家重点生态功能区县域生态环境质量考核办法》考核指标，内蒙古、青海、湖南、安徽、四川等涉及国家重点生态功能区县域均有生态环境质量考核结果，相关研究（徐永明，2014；王雯，2014；毕军平，2014；戴晓峰，2015；张秋劲，2014）。

除采用国家公布的政策或技术规范外，区域生态环境质量评价还有其他方法，主要包括相关分析法、分级贴近度法与环境质量评价、综合评价法、绝对指标法（或相对指标法）、生态环境质量优劣度指数评价法、模糊评价法、物元分析评价法、人工神经网络评价法、灰色关联度分析法、主成分分析法、集对分析法、层次分析法、指数评价法等（孙东琪，2017）。

针对区域生态环境质量的研究，一般均考虑社会经济水平或环境管理对环境质量的影响，可基于PSR框架模型予以综合评价。郭鑫（2011）从衡水市生态环境质量现状出发，以PSR模型，采用层次分析法（AHP）确定各指标的综合权重，对衡水市近9年生态环境质量进行综合评价。戴靓（2010）在PSR框架下建立生态质量评价指标体系，运用TOPSIS法对江苏省13个主要城市进行生态质量评价和城际差异分析。黄河东（2016）运用改进的TOPSIS法对我国18个城市群的生态质量进行比较分析，指标体系从生态压力、生态状态、生态响应3个项目层，选取9个因素层、26项指标层进行综合评价。

马世骏和王如松首次提出“社会—经济—自然复合生态系统”理论，认为城市生态系统是一个比较复杂的复合系统，包括自然、经济、社会3个子系统（高越，2017）。城市生态环境质量评价是以城市系统中城市建设区以及周边影响区为研究对象，从城市系统的结构、输入与输出、过程与效能等方面，以城市系统可持续性与和谐发展为目标，通过构建城市系统构成与格局、功能与活力、抗性与协调性等方面指标，来综合评估城市生态环境状况的过程（邝奕轩，2005）。

不同研究区域所采用的生态环境质量评价方法存在差异，选取的评价指标也各不相同，但可用于研究同一区域的生态环境质量变化趋势，有利于发现区域生态问题，强化生态环境保护管理。现有生态环境状况研究，一般综合了自然、环境、社会、经济等多方面指标要素。孙东琪（2012）以多种统计数据为数据源，采用层次分析法，从生态破坏、自然资源、环境污染、社会经济 4 个因素，选择 12 个指标层共 30 项指标，分时段对中国及 31 个省市区、三大经济带的生态环境质量进行了综合评价。基于自然环境和社会经济等方面，通过选取 10～45 项指标，上海市、内蒙古、辽宁沈阳市、四川成都市和南充市、新疆昌吉州、江苏常州市、河北衡水市和张家口市等地构建了不同的指标体系，均开展了生态环境质量评价相关研究（黄蓓佳，2009；吴治花，2009；李博，2009；李铁松，2011；郭鑫，2011；顾爱军，2011；吴阿娜，2011；马木合，2015；翁中银，2015；何孙鹏，2015；高越，2017）。

生态环境质量综合评价相关研究，针对不同区域的自然环境特征，从社会、经济、环境等方面，分别构建了不同的评价指标体系，选用的指标和研究方法有所差异，评价结果难以横向对比，但总体上可用于反映区域评价生态环境质量变化趋势。

第二节　研究方法

一、评价指标体系

结合第五、第六章的研究方法，基于生态状况评价和环境状况评价两个方面内容，从生态资源、生态结构、生态质量、环境质量、环境管理 5 个目标层，选择 9 个要素层、22 项指标，综合评价广州市及各区生态环境状况，指标体系见表 9-1。

表 9-1　生态环境状况综合评价指标体系

评价内容	目标层	要素层	指标层
生态状况评价	生态资源	生态资源	风水林面积（亩）
			生态保护区面积占比（%）
	生态结构	生态结构	景观破碎度指数（量纲一）
			生态结构指数（量纲一）
			生态胁迫指数（量纲一）
	生态质量	生态质量	湿度指数（量纲一）
			植被指数（量纲一）
			地表温度指数（量纲一）
			不透水面积指数（量纲一）

评价内容	目标层	要素层	指标层
环境状况评价	环境质量	环境空气	优良以上空气质量达标率（%）
			空气污染综合指数（量纲一）
		水环境	考核水质断面达标率（%）
			水质优良（III 类或以上）断面比例（%）
			地表水丧失使用功能（劣 V 类断面）比例（%）
			集中式饮用水水源达标率（%）
		声环境	区域环境噪声平均值（dB）
	环境管理	水环境	工业废水排放达标率（%）
			城镇生活污水（集中）处理率（%）
		固体废物	城镇生活垃圾无害化处理率（%）
			工业固体废物综合利用率（%）
		资源消耗	万元 GDP 用水量（t/万元）
			万元 GDP 耗能（t/万元）

二、评价标准

以 0.2 为间隔分成 5 级，分别代表差、较差、中等、良、优 5 个等级进行生态环境质量综合评价，见表 9-2。

表 9-2 区域生态状况综合评价判断标准

评价结果	评价等级	描述
0.8～1.0	优	原生生境得到有效保护，无明显开发干扰迹象，生态系统结构完整，生态环境质量好，环境污染得到很好控制
0.6～0.8	良	原生生境保护较好，开发干扰程度较低，生态系统结构较完整，生态环境质量较好，环境污染得到较好控制
0.4～0.6	中等	原生生境受到一定程度破坏，开发干扰较为明显，生态系统呈破碎化，生态环境质量一般，环境污染控制不足
0.2～0.4	较差	原生生境部分丧失，开发干扰严重，生态环境质量较差，生态系统破碎化程度较高，环境污染未得到有效控制
＜0.2	差	原生生境严重丧失，开发干扰剧烈，生态环境质量很差，生态系统严重破碎化，环境污染较严重

第三节　评价结果

一、广州市综合评价结果

综合生态状况和环境状况评价指标，构建生态环境状况综合评价指标体系，对广州市 2005 年、2010 年和 2016 年生态环境状况进行评价，评价指标包括生态状况和环境状况两个方面的内容，生态资源、生态结构、生态质量、环境质量和环境管理 5 个层面，采用熵权法确定各项指标权重。

评价结果表明，2005—2016 年，广州市生态环境状况综合评价值先升后降，由 2005 年的 0.429 增至 2010 年的 0.590，2016 年降至 0.561。从不同的评价内容来看，广州市近 2005—2016 年生态状况得分变化不大，环境状况得分变化趋势与生态环境状况得分变化趋势一致，均为先升后降。对具体指标而言，生态状况各项指标变化不大，环境管理指标逐渐上升，但环境质量评价值先增后降，导致综合评价值先明显上升后略有下降，2010 年最高，详见表 9-3 和图 9-1。根据评价结果，2005—2016 年，广州市生态环境状况均处于中等水平。

表 9-3　广州市生态环境状况综合评价结果

年份	生态资源评价值	生态结构评价值	生态质量评价值	环境质量评价值	环境管理评价值	综合评价值
2005	0.019	0.074	0.117	0.202	0.018	0.429
2010	0.019	0.072	0.118	0.273	0.107	0.590
2016	0.020	0.066	0.117	0.178	0.181	0.561

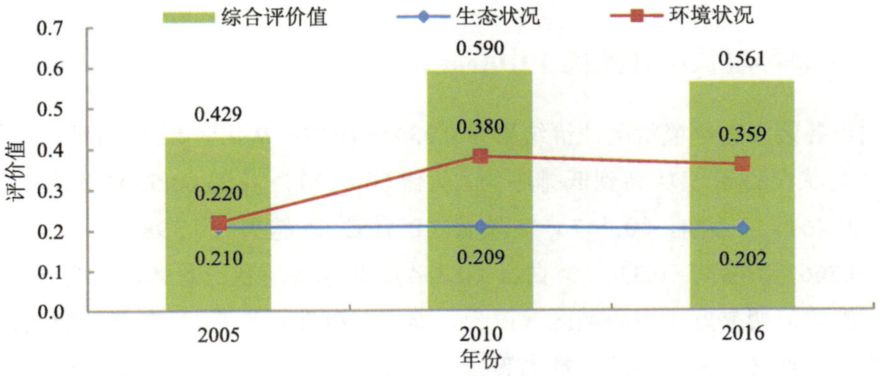

图 9-1　2005—2016 年广州市生态环境综合状况变化趋势

二、各区综合评价结果

通过构建广州市各区生态环境状况评价指标体系，对 2016 年广州市各区生态环境状况进行评价，各指标权重采取熵权法确定。评价结果表明，各区生态环境状况评价值从高到低依次为从化、花都、南沙、天河、黄埔、增城、越秀、海珠、番禺、荔湾、白云，从化区最高，为 0.617，白云区最低，为 0.334。

根据评价结果，各区仅从化处于“良”，说明其开发干扰程度总体较低，生态系统结构较完整，生态环境质量总体较好，环境污染得到较好控制。增城、黄埔、天河、南沙、花都属于“中等”，原生生境受到一定程度破坏，开发干扰较明显，生态系统呈破碎化，生态环境质量一般，环境污染需进一步控制。白云、荔湾、番禺、海珠、越秀处于“较差”水平，说明生态环境状况具有较大提升空间。白云因环境状况评价值位居末位，生态状况评价值处于中间偏下水平，导致生态环境状况综合评价值偏低。荔湾区综合评价值不高，则是因其生态状况评价值处于末位所致。各区评价结果及分析详见表 9-4 和图 9-2。

第四节　演化特征与发展趋势分析

一、生态环境状况总体良好，近年略有下降趋势

2005—2016 年，广州市生态环境状况综合评价值先升再降，由 2005 年的 0.429 上升到 2010 年的 0.590，之后降至 2016 年的 0.561，说明广州市生态环境状况总体良好，但近年略有降低趋势。

从不同层面来分析，广州市近 11 年生态状况评价结果变化不大，均处于“中等”水平，综合评价结果变化趋势与环境状况变化一致，均为先增加再下降，而生态状况则总体呈下降趋势。

二、生态环境状况外围优于中心城区，东部优于西部

广州市各区生态环境状况评价结果为 0.334～0.617，从化区最高，白云区最低。各区生态环境状况评价值从高到低排序为：从化（0.617）＞花都（0.520）＞南沙（0.486）＞天河（0.461）＞黄埔（0.447）＞增城（0.418）＞越秀（0.398）＞海珠（0.390）＞番禺（0.366）＞荔湾（0.338）＞白云（0.334）。生态环境状况总体表现为外围（从化、花都、南沙等）明显好于中心城区（白云、荔湾、海珠、越秀），东部（增城、黄埔、天河）优于西部（白云、荔湾、番禺等），说明广州市生态环境状况不仅与自身的自然资源禀赋有关，还可能受周边其他地区的影响。

表 9-4 2016 年广州市各区生态环境状况综合评价结果

行政区	生态状况评价值			环境状况评价值		生态环境状况综合评价值	结果分析
	生态资源	生态结构	生态质量	环境质量	环境管理		
白云	0.019	0.037	0.098	0.039	0.141	0.334	（1）生态资源、生态结构处于 11 区中等水平，生态质量则相对较好； （2）环境质量评价值低，与环境空气优良率较低（85.5%）、主要水质断面达标率低（5.81%）、劣 V 类水体占比高（85.81%）、噪声值高（57.5 dB）有关
荔湾	0.002	0.028	0.098	0.031	0.178	0.338	（1）生态资源、生态结构评价值低。因无风水林，保护占比仅 0.026%，生态资源评价值低；生态结构指标中，因林地、草地、湿地面积相对较低，导致生态结构指数低，建设用地占比高，生态胁迫指数较高； （2）因环境空气优良率最低（82%）、空气污染综合指数最高（4.65）、水体达标率低（16.67%）、无优良水体（0%）、主要水体劣V类占比高（83.33%），环境质量评价值低
番禺	0.007	0.037	0.103	0.107	0.112	0.366	（1）因风水林面积少，生态资源评价值较低；因林、草面积较少，生态结构评价值较低； （2）环境管理评价值低，与工业固体废物综合利用率较低（87.45%）、万元 GDP 用水量高（25.94 m^3/万元）有关
海珠	0.007	0.038	0.092	0.058	0.195	0.390	（1）因风水林和保护区面积少，生态资源评价值较低；因林地、草地面积少，生态结构评价值低； （2）环境质量评价值较低，与无优良水体、主要水体劣V类占比高（100%）有关

行政区	生态状况评价值			环境状况评价值		生态环境状况综合评价值	结果分析
	生态资源	生态结构	生态质量	环境质量	环境管理		
越秀	0.000	0.035	0.101	0.056	0.206	0.398	（1）因无风水林和保护区，生态资源评价值低；因林地、草地、湿地面积少而建设用地占比高，生态结构评价值低； （2）因环境空气优良率较低（83.6%）、空气污染综合指数较高(4.55)、水体达标率低(23.81%)、劣Ⅴ类水体占比(61.9%)较高，环境质量评价值较低
增城	0.048	0.046	0.102	0.147	0.074	0.418	（1）生态资源、生态结构、生态质量较好； （2）环境管理评价值低，与城镇生活污水（集中）处理率较低（91.5%）、工业固体废物综合利用率低（87.27%）、万元GDP用水量很高（65.6 m^3/万元）有关
黄埔	0.022	0.040	0.105	0.149	0.131	0.447	（1）生态资源、生态质量评价值处于中等水平，生态结构评价值较高； （2）环境管理水平较弱，与工业固体废物综合利用率较低(90.87%)、万元GDP用水量较高有关（18.66 m^3/万元）
天河	0.017	0.033	0.103	0.101	0.208	0.461	（1）因风水林和保护区面积少，生态资源评价值较低，主要与景观破碎度高有关，生态结构评价值低； （2）环境质量一般，其中主要水体断面达标次数为0，环境空气优良率较低（86.3%）
南沙	0.003	0.037	0.094	0.247	0.105	0.486	（1）因风水林和保护区面积少，生态资源评价值较低，生态质量评价值最低，主要受植被指数、温度指数影响； （2）环境管理评价值较低，与城镇生活污水（集中）处理率较低（94.8%）、万元GDP用水量高（45.7 m^3/万元）有关
花都	0.023	0.034	0.103	0.238	0.122	0.520	（1）生态资源、生态结构处于11区中等水平，生态质量则较好； （2）环境质量、环境管理评价值相对较高
从化	0.072	0.056	0.095	0.368	0.026	0.617	（1）生态资源、生态结构、生态质量较好； （2）环境管理评价值低，与城镇生活污水（集中）处理率较低（88.4%）、工业固体废物综合利用率较低（86.68%）、万元GDP用水量高（58.58 m^3/万元）有关

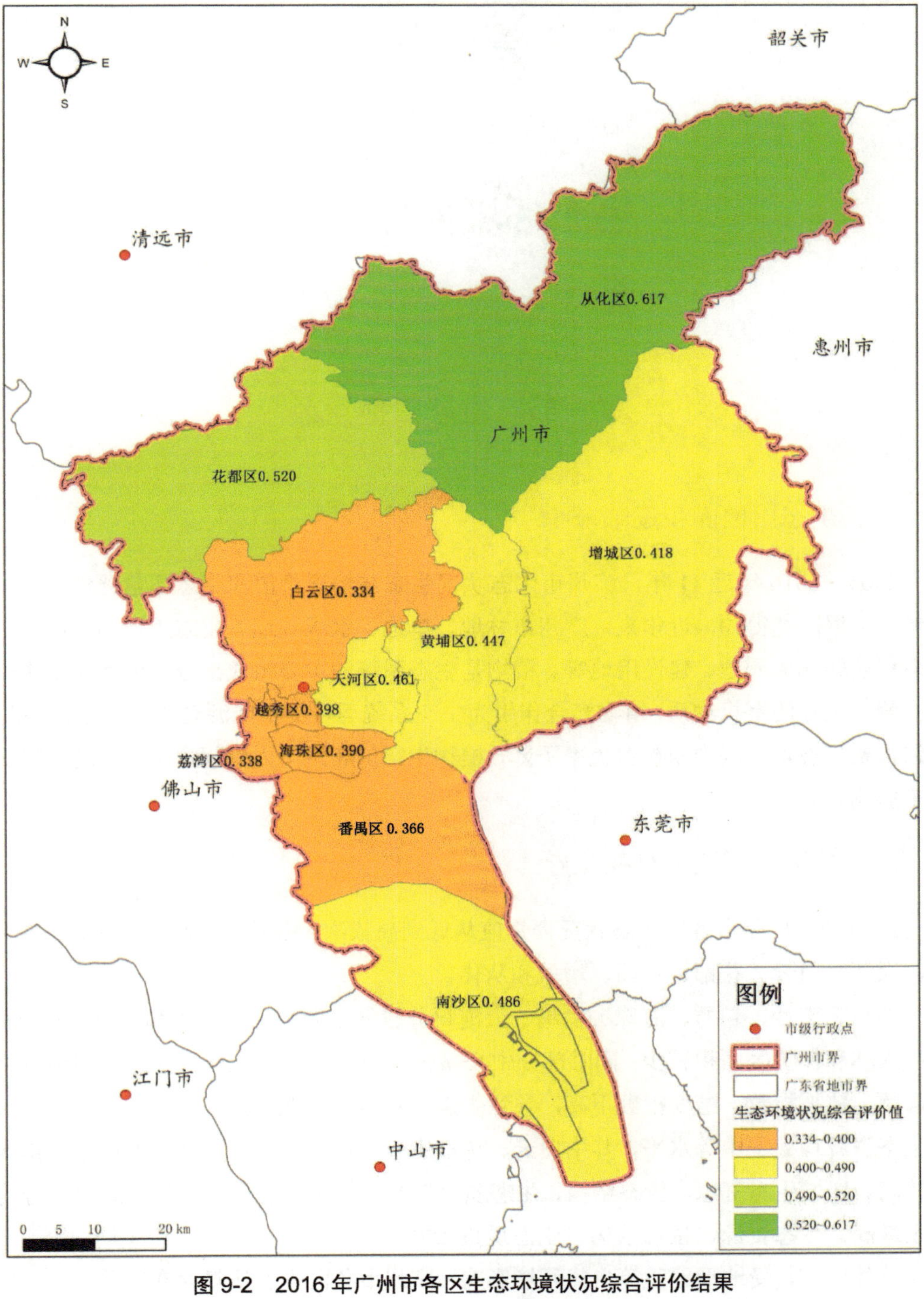

图 9-2　2016 年广州市各区生态环境状况综合评价结果

第十章

生态环境问题分析

第一节　生态质量问题

一、生态用地面积逐渐减少

2005—2016 年近 11 年，广州市生态状况生态结构评价值和生态质量评价值呈下降趋势。根据研究得知，近年来，广州市林地、草地、水域湿地等生态用地面积减少，林地面积多转化为园地、建设用地等。植物是生态系统的主要组成部分，为其他生物生存提供赖以生存的有机物质，植物光合作用为生态系统运行提供能源动力。林地面积减少，导致重要生态功能区中植被覆盖率下降，植物生物量和生产力受损，生态系统功能受到一定影响。

二、各区生态质量存在差异

2016 年，广州市各区生态状况评价值从低到高依次为荔湾、南沙、越秀、海珠、番禺、天河、白云、花都、黄埔、增城和从化。

荔湾、南沙、越秀、海珠、番禺、天河得分较低主要与生态资源和生态结构有关，如风水林和保护区面积较少；同时部分中心城区存在生态用地占比少而建设用地占比高等问题，植被指数、温度指数不高，导致生态质量得分较低。天河、白云、花都、黄埔等生态资源均处于中等水平，其中白云、花都生态质量较好，而黄埔、天河生态结构得分较高。增城生态资源、生态结构、生态质量较好。从化生态资源和生态结构得分均为各区最高，生态资源、生态结构、生态质量较好。

总体而言，受地形地貌等自然环境影响，广州市各区生态质量存在差异，中心城区较低，外围增城和从化较高，其他区域处于中等水平。

第二节 环境状况问题

一、环境基础设施建设相对滞后，存在区域不平衡现象

环境基础设施建设结构性问题较为突出，区与区之间的治理能力存在较大差异，外围城区的设施建设普遍落后于中心城区；农村环境基础设施建设相对薄弱，不能满足环境质量改善的需求。

已建成的城镇集中污水处理系统主要集中在中心城区，其他区域污水管网覆盖率及污水收集率仍然不足，存在较多问题，特别是城中村区域。部分工业污染治理设施运行效率不高，存在监管盲区。

生活垃圾产生量巨大，但生活垃圾无害化处理设施建设相对滞后，对现有的垃圾处理设施带来很大压力。持严控废物许可证的社会企业污泥处理处置能力无法与污水处理厂污泥产生规模相配套。

工业固体废物的收集、处理处置还存在不少盲点，危险废物、严控废物集中处置能力仍无法满足实际需要，特别是焚烧类工业危险废物、医疗废物和城市生活污水污泥等处置能力严重不足，处置能力主要集中在有价值废物的综合利用上，部分危险废物如铅酸蓄电池、冷轧污泥、废荧光灯管等需要送外市处理处置。

二、环境质量趋好，但离全面达标仍有差距

根据前述分析，城镇生活污水（集中）处理率、城镇生活垃圾无害化处理率、工业固体废物综合利用率提升以及资源利用效率（万元 GDP 能耗和万元 GDP 用水量）有所提高。环境质量趋好，主要表现为环境空气、水质优良率上升，但同时水质断面达标率、劣Ⅴ类水体比例有所上升，噪声环境质量略有下降。城市水、大气和土壤的环境质量仍未能全面达到环境质量标准要求，离全面建成小康社会的目标要求还有差距。

广州市地处珠江流域下游和珠江三角洲城市群的核心区域，受区域性水资源条件、水动力特征、供排水格局以及自身空间发展布局的影响，格局性污染问题突出。近些年珠江广州河段西航道和后航道、东江北干流监测断面水质未能达标，白坭河下游和流溪河李溪坝以下段水质污染严重，主要污染物为氨氮、总磷，呈现明显的耗氧型有机污染特征。部分江河（段）水质尚未达到功能区用水要求，由于支流和城市河涌的水资源量较小，且纳污集中，水质污染状况较干流严重。

二氧化氮、臭氧、细颗粒物是目前影响空气质量的主要污染物。机动车废气排放总量大，机动车保有量和外地籍车辆在广州的使用量仍在持续增加，与周边城市的相互影

响较明显。虽然二氧化氮年均值近年来总体呈下降趋势，但是离国家和省要求的空气质量改善目标尚有一定差距。此外，臭氧污染仍得不到有效遏制。环境空气质量呈现出复合型污染、二次污染和区域性污染的特征。

部分老工业区、旧工业地块周边土壤重金属、持久性有机物等存在超标现象；农田土壤和河流底质存在重金属和有机复合污染，造成的土壤环境安全隐患短期内难以消除，高风险状态依然存在。

三、生态环境格局冲突仍然存在，环境质量提升任务艰巨

城市发展布局与资源环境格局冲突仍然存在，花都、从化、增城是未来承接城区人口疏散的重要区域，也是广州市最重要的生态屏障区，生态安全保障风险加大。

环境污染区域性、格局性问题依然凸显，水和大气环境质量改善需要周边区域协同推进。目前的环境污染问题呈现压缩型、复合型等特征，污染治理遭遇“天花板”效应，治理边际成本不断增大，部分新型污染物治理尚缺乏有效手段。随着大气、水、土壤等污染防治行动计划的陆续实施，生态环保治理投入需求剧增，面临“补旧账还新账”的双重压力。预计未来一段时期大气污染排放压力依然较大，西航道、流溪河下游和东江北干流及河涌水体的水环境承载超负荷现象仍然存在，要实现绿色发展、环境质量全面改善仍需要一段过程。要持续大幅改善环境质量，必须努力突破产业结构、环保技术发展的瓶颈，持续优化能源结构，解开社会发展不平衡、不充分的关键症结，促进形成人与自然和谐共生的发展方式。

四、各区环境状况差异较明显

2016 年，各区生态环境状况综合评价值从低到高依次为白云、增城、荔湾、番禺、海珠、越秀、黄埔、天河、南沙、花都和从化。各区环境状况差异较明显，具体问题如下：

白云、荔湾、海珠、越秀等环境质量得分相对较低，其中白云区环境空气优良率较低、主要水质断面达标率低、劣Ⅴ类水体占比高、环境噪声值较高等；荔湾、越秀环境空气优良率、空气污染综合指数、水体达标率、主要水体劣Ⅴ类占比等指标分值较低；海珠则与无优良水体、主要水体劣Ⅴ类占比高有关。

增城、番禺、黄埔、南沙、从化等区环境管理得分较低，其中增城、从化受城镇生活污水（集中）处理率、工业固体废物综合利用率、万元 GDP 用水量等指标影响；番禺、黄埔两区与工业固体废物综合利用率较低、万元 GDP 用水量较高有关；南沙则因城镇生活污水（集中）处理率较低、万元 GDP 用水量高导致综合评价值偏低。

天河、花都环境质量均处于中间水平，但天河仍存在主要水体断面达标次数和环境

空气优良率较低等问题。

第三节　生态承载力问题

一、生态赤字逐年增大、环境承载力超负荷严重

持续快速的城市发展和城市扩张以及资源利用效率不高，造成土地、水等资源被大量消耗，使得资源环境负荷已逼近或超过自身的承载能力，建设用地等土地资源紧张，水质性缺水、生态资源匮乏。同时，能源消费体量大，对外依存度较高，新能源和可再生能源开发应用需要进一步加强，燃料燃烧产生的废气污染物、机动车尾气和城市固体废物量产生量大，环境承载超负荷严重。

二、城市土地供需矛盾趋于尖锐

城市生态用地被占用和破碎化趋势依然存在，土地供需矛盾趋于尖锐，加大了生态空间破碎及林地、园地、耕地和湿地等生态系统占用的威胁。局部新城区的开发建设侵占“云山珠水”环境资源。从化、增城开发建设向山区延伸，对城市生态涵养区造成影响。珠江口河海交汇区湿地生态系统保护压力仍巨大。

三、资源、能源、环境约束依然严峻

广州市将加快建设国际航运中心、物流中心、贸易中心及现代金融服务体系，大力推进国家创新中心城市建设，优化提升“一江两岸三带”，水资源、土地资源、能源的约束依然严峻。预计到 2035 年，全市常住人口将近 2 000 万；能源消费总量不高于 12 400 万 t 标准煤。此外，城市开发土地供给逼近上限；机动车保有量和外地籍车辆在广州使用量持续增长。目前广州市创新基础提升仍有一个过程，产业经济转型升级压力较大，资源、能源、环境约束依然严峻。

第四节　生态安全问题

一、城市发展对生态安全格局的影响

广州市城市发展布局与资源环境格局冲突仍然存在，花都、从化、增城是未来承接城区人口疏散的重要区域，也是广州市最重要的生态屏障区，生态安全保障风险加大。

根据广州市各区城镇发展规划，城镇发展区对各生态片区、生态廊道甚至生态绿核

均造成了不同程度的占用或挤压。分区而言，白云西部农业区、从化山区、帽峰山白云山地区受影响较大，花都西部山区、增城北部山区、东部山水新城山区、增城南部农业区、番禺南部农业区均受到一定影响，增城北部山区受影响相对较小。就生态廊道而言，除狮子洋生态廊道外，其他生态廊道均涉及城镇规划范围，可能受城镇发展影响，生态廊道作用受损。生态绿核方面，仅海鸥岛不涉及城镇规划用地，其余绿核受城镇发展影响压力较大，但海鸥岛目前生态状况一般，难以发挥绿核作用。

二、交通建设对生态安全格局的影响

近 10 年来，广州市基础设施建设发展迅速，各类道路、管线建设不可避免地穿越重要生态功能区。以广州市线性工程（含高速公路、国道、省道、县道、铁路）为例，广州市各类生态保护区内线性工程穿越共 197 km（扣除重复区域），其中森林公园、湿地公园、自然保护区、风景名胜区、饮用水水源保护区等法定生态保护区穿越长度分别为 49.9 km、9.9 km、1.6 km、33.2 km、261.5 km，穿越水源涵养、水土保持、生物多样性保护重要生态功能区的里程长度分别为 64.8 km、158.4 km、137 km。

广州市生态安全格局中，交通建设项目对各生态片区均造成不同程度的影响，其中以帽峰山白云山地区为最，其次为番禺农业区、东部山水新城山区、增城南部农业区和白云西部农业区，花都西部山区、从化山区和增城北部山区均有各类交通项目穿越，对生态完整性影响较明显，造成生态系统阻隔和景观破碎化，不利于生态系统质量和功能的维护。

生态廊道，也均有各类交通建设用地穿越，其中流溪河生态廊道、增江生态廊道内交通项目分布较密集，对饮用水水源安全造成潜在影响，不利于水源涵养林保护。

三、其他问题对生态安全格局的影响

广州市城市生态用地被占用和破碎化趋势依然存在，土地供需矛盾趋于尖锐，加大了生态空间破碎及林地、园地、耕地和湿地等生态系统占用的威胁。局部新城区的开发建设侵占“云山珠水”环境资源。从化、增城开发建设向山区延伸，对城市生态涵养区造成影响。珠江口河海交汇区湿地生态系统保护压力仍巨大。

四、城市生态系统环境风险依然存在

过去 30 多年快速工业化和城镇化使广州市域土地资源约束日益趋紧，生态空间受到挤占，生态系统服务功能下降，生态安全和人居安全受到严重威胁。随着新型城镇化建设和产业转型升级等政策的实施，区域发展与生态安全的矛盾将进一步显现。

（一）环境安全形势仍较严峻

布局性环境隐患和结构性环境风险仍然存在，如黄埔区以石化化工为主导产业，化工厂的泄漏、爆炸和非正常排放等环境风险事故时有发生。高风险的环境风险源较多且类型复杂，包括危险品仓储、道路运输、油库、燃气管道、有害废物填埋场、放射性、医疗废物等各种类型。同时，城市居住密集度高，环境敏感目标多，对风险的承受能力很小。公众风险意识不强，自救能力不足，广州市的环境风险管理体系仍不完善。

（二）人口和产业高度集聚，人居安全风险隐患较大

据广东省生态环境厅公布的数据，截至 2015 年年底，广州共有 51 家企业在广东省环境保护厅办理突发环境事件应急预案备案，其中较大及以上风险企业 20 家，是企业风险管控重点关注地区。广州市的危险废物风险源有 24 家，从危险废物处置企业核准经营规模（t/a）上看，核准经营规模处于前 5 位的企业有 3 家，分别为广州市莲港船舶清油有限公司（450 000 t/a）、广州绿由工业弃置废物回收处理有限公司（259 500 t+150 万个）、广州净海油污水工程有限公司（200 000 t/a）。故广州市应该重视危险废物风险源的登记、监测和合规化管理，对重大的危险废物风险源实施信息化管理。

（三）水污染工业集聚区威胁饮用水安全

广州市有沙湾镇工业集聚区（含珠宝产业园）、狮岭镇杨屋工业区、狮岭镇芙蓉工业区、联东 U 谷产业园、花都汽车产业基地、花都港物流园区、广州花都经济开发区、白云工业园区、民营科技园科新区、居家用品园区、良田物流园、粤港澳台流通服务合作试验区、榄核北部产业组团、东涌北部产业园、从化高技术产业园核心区、新塘纺织工业园、荔三产业带工业园（江龙和元美）、石滩镇沙庄工业园、增城经济技术开发区（增江）东区高新技术产业园等工业园与饮用水水源保护区重叠，存在饮用水安全隐患，对涂料生产、电镀、制药、食品饮料等行业需进行排污监控，园区内的全部污水应深度处理，禁止排入环境。

第五节 生态环境综合状况问题

据《广州市环境空气质量达标规划（2016—2025 年）》，广州市二氧化氮的高值区域集中在市区中西部，$PM_{2.5}$ 高值分布相对平均，市区中西部及南部的番禺区尤为突出，臭氧的高值区则出现在南部的番禺区和北部的花都区。广州市大气环境问题主要包括：二氧化氮、$PM_{2.5}$、臭氧为主导的复合大气污染相对严重，佛山和东莞等周边主要城市的

区域污染传输影响明显，移动源造成的二氧化氮达标压力大，臭氧短期内整治难度大，$PM_{2.5}$治理仍须持续强化。

据《2016年广州市环境状况公报》，广州市纳入考核范围的国控断面水质优良率为70%，珠江广州河段后航道、狮子洋水质受轻度污染，珠江广州河段西航道受中度污染，受污染河段主要污染指标为氨氮、溶解氧；53条重点整治河涌（河段）中，47条属劣Ⅴ类水体，其中42条河涌偶尔出现黑臭现象，主要污染指标为氨氮、总磷和化学需氧量，呈耗氧性有机污染特征。

2016年，各区生态环境状况得分依次从低到高排序为白云、荔湾、番禺、海珠、越秀、增城、黄埔、天河、南沙、花都和从化。广州市部分中心城区（如荔湾、越秀、白云、海珠、天河区）和番禺区因水环境或环境空气质量状况相对较差，导致环境状况评分较低；此外，这些区的生态资源如林地和风水林偏少，影响了生态环境状况综合评估结果。番禺、增城、黄埔、南沙、从化等区，环境管理指标（如工业固体废物综合利用率、万元GDP用水量）得分相对较低，说明这些区工业固体废物管理和水资源利用效率等方面，还存在短板。

第十一章

生态环境保护措施建议

广州正处于“由建设国家中心城市向国际大都市迈进”的关键时期，在保持中高速增长，经济社会发展与生态环境保护仍不够协调，生态空间占用、资源能源消耗和污染物排放增长的压力长期存在，城市建设与生态用地保护之间矛盾突出，大气区域性、复合型污染尚未有效缓解，城市水体污染依然较重。因此，为贯彻落实习近平生态文明思想，深入打好污染防治攻坚战，促进人与自然和谐，构建人与自然生命共同体。提出如下具体对策建议。

第一节　完善生态环境管理制度

一、完善部门协调机制

依托成立的生态环境保护委员会，强化生态环境部门统一监管和多部门分工负责的生态环境管理制度，完善部门配合、上下联动的机制，联合自然资源、林业、水务、农业、工商、城管、交通、地质、卫生等部门的力量，实施联合监测、联合执法、应急联动、信息共享、多方参与，形成整体合力。

二、促进区域协同机制

推进环保多边合作机制，积极参与粤港澳大湾区内部及邻近地市的跨界水和大气污染治理合作，建立健全跨界环境信息共享和通报、污染源鉴别、跨区域联合执法和突发污染事故联合应急等工作机制，积极参与构建排污权交易区域市场机制。以水源地保护、水环境污染和空气污染联防联治为重点，深化与佛山、清远、惠州、东莞等周边城市环保战略合作。

三、构建环境监测体系

完善生态环境监测体系，在做好环境空气、水环境及声环境常规监测的同时，积极开展委托服务性、监督性和污染物减排监测工作，完善监督性监测和在线监控监测相结合的污染源监测体系。

四、建立环境预警机制

制定广州市建立资源环境承载能力监测预警长效机制工作方案，根据不同区域资源环境承载情况实施不同的管控措施。逐步建立监测预警数据库和信息技术平台、一体化监测预警评价机制、监测预警评价结论统筹应用机制以及监督机制，逐步形成手段完备、数据共享、实时高效、管控有力、多方协同的资源环境承载力监测预警长效机制，有效规范空间开发秩序，合理控制空间开发强度，切实将各类开发活动限制在资源环境承载力之内。

五、完善环境治理体系

实施环境保护“一岗双责”制，建立健全生态保护绩效考核机制，建立领导干部生态环境保护问责机制，确保政府履责。全面实施工业污染源自行监测和信息公开，健全广州市环境信用评价数据管理信息平台建设，推进环境损害赔偿，提升企业环保自觉。完善环境信息公开、公众参与的平台和渠道，完善公众参与环境决策的程序和方式，完善公众参与环境监督机制，搭建政府、企业、公众、社会组织定期沟通、平等对话的交流平台，引导和规范环保民间团体的健康发展，积极引导行业协会等在环保上的积极作用。完善人大代表、政协委员、新闻媒体、社会组织和市民共同参与的社会监督机制，提升环境治理公众参与力度，构建全民行动格局。

第二节　持续改善环境质量

一、持续改善水环境质量

深入推进流溪河、增江、珠江干流等流域的系统治污，持续改善水环境质量。严格控制工业废水排放，根据资源环境承载能力与水环境质量目标等要求，合理规划工业布局，控制新建扩建高耗能高排放项目，推动产业配套所需的污染型企业集中布局、集中治理。强化工业园区水污染治理，完善园区公用污水处理设施，提高工业聚集区污水收集处理能力。提升城镇生活污水治理，进一步完善污水处理配套管网，促进城镇污水处理提质增效。推动农村生活污水管网和处理设施全面覆盖，大力推进农业种植业、畜禽养殖业等农业源污染防治。加强水源地环境管理，依法治理违法排污、建设行为，加强对水源保护区周边风险企业监管，积极开展流域联防联控，完善多源联动的原水系统布局，加强突发水污染环境事件风险防范，保障饮用水安全。

二、深入开展大气污染治理

严格执行大气环境分区管控要求，实施分区管控，进一步优化产业结构，实施空气质量精细化管控，深化大气污染联防联控，强化污染天气应对措施。严格控制工业源污染物新增排放量，推进产业结构战略性调整；大幅削减挥发性有机物排放，建立健全挥发性有机物监管体系；全面推行清洁生产，实施清洁生产先进技术改造。强化移动污染源综合防治，加强机动车环保监管能力建设；重点控制机动车排放，大气发展公共交通，加强推动港口、船舶、机械等非道路移动源管控和污染防治，构建城市绿色交通管理网络和绿色智慧交通格局。严格控制污染物新增排放量，强化 VOCs 源头控制和重点行业深度治理，削减 VOCs 排放总量。实施重点行业深度治理，加强大气面源污染管控、餐饮油烟治理。推动能源结构优化，构建清洁低碳现代能源体系，大力推广清洁能源使用；协同减污降碳，推动重点行业碳达峰行动。加强广州石化及周边企业突发事件的应急管理，防范人居环境安全。

三、加强土壤环境污染防治

严格执行《国务院关于印发土壤污染防治行动计划的通知》（国发〔2016〕31 号）、《广东省人民政府关于印发广东省土壤污染防治行动计划实施方案的通知》（粤府〔2016〕145 号）、《广州市土壤污染防治行动计划工作方案》（穗府〔2017〕13 号）、《广州市污染地块再开发利用环境管理实施方案（试行）》的要求，以保障农产品质量和人居环境安全为出发点，以改善土壤环境质量为核心，加强土壤环境管理，建立土壤环境监管体系，控制土壤环境污染及生态风险。合理规划重点行业企业布局，严格控制在耕地集中区域及周边新建重点行业企业。结合土壤环境质量，加强城乡规划论证和审批管理，落实污染地块调查评估制度，建立污染地块名录及其开发利用的负面清单，严格建设用地审批。定期公布土壤环境重点企业名单，加强土壤环境监管，严格执行重金属污染物排放标准并落实相关总量控制指标，定期对周边土壤进行监测。严格落实《农用地土壤环境管理办法》的相关要求，强化农用地土壤环境保护监督管理，保护农用地土壤环境，管控农用地土壤环境风险，保障农产品质量安全。严格落实《污染地块土壤环境管理办法（试行）》《广州市环境保护局办公室关于加强污染场地治理修复工程验收监测工作的通知》（穗环办〔2015〕193 号）、《广州市环境保护局办公室关于印发广州市工业企业场地环境调查、修复、效果评估文件技术要求的通知》（穗环办〔2017〕149 号）等相关要求，加强污染地块治理修复工作。以无害化、减量化、资源化为原则，高标准建设固体废弃物集中处理处置设施。着力构建城乡统筹、结构合理、技术先进、能力充足的生活垃圾处理体系。

第三节 加强生态保护修复

一、维护生态安全格局

以生态保护红线区域为核心保护生态安全底线，保护区域生态屏障，建设项目应避免占用生态保护红线区、自然保护地等重要生态保护区域和水源保护区。以河流、绿道、海岸防护带等生态廊道建设缓解生态系统破碎化、提升生态系统连通度。完善城市绿地系统，以城市公园绿地、万亩良田、湿地、独立低山丘陵等生态空间建设增加生态节点，加强城市内部污染场地生态修复，恢复植被群落，重建生态系统，转变为生态节点。以省级以上自然保护地作为重要生态节点，构建并保护西北部山区生态屏障走廊、中部山前生态安全走廊、东南部平原生态保护走廊，维护东北部山区生态核心通道、中北部山前生态连接通道、中部城市生态缓冲通道。水域生态廊道体系依托流溪河、珠江西航道、东江、狮子洋等主要水系，包括北部流溪河生态走廊、中部前航道生态走廊、中部后航道生态走廊、南部沙湾水道生态走廊；西部珠江西航道—洪奇沥水道生态通道，东部东江—狮子洋生态通道等。生态廊道体系需编制廊道生态建设总体规划，开展功能分区，明确保护边界，维护生物多样性，保护生态环境质量。

二、加强生态保护修复

实施北部生态屏障地区生态修复治理工程，维护森林生态服务功能，提高生物多样性和水源涵养能力。开展水源涵养林建设，加快荒山复绿，采取封育措施保护现有森林，加强中幼林抚育和低质林改造，调整林分结构，提升森林质量。加强自然保护区保护，大力推进自然保护区、森林公园、湿地公园的建设与保护，推动一批自然保护区升级，积极开展国家公园试点建设。以自然恢复为主，结合人工修复，采取退耕还林、退耕还湿、植被恢复等措施，重建或修复已退化的自然生态系统，恢复生态系统服务功能，扩大自然生态系统面积。

通过人工生境重建和自然恢复，加强生物多样性下降、生态服务功能下降等退化生态系统的重建和修复。加强重要湿地的保护力度，恢复和维持湿地的面积与功能，大力开展河岸湿地和珠江口湿地保护与修复。实施自然岸线综合治理，推进重点海湾综合整治，实施红树林保护和恢复工程，加强广州长洲、上下横档岛、龙穴岛等海岛和海岸自然环境保护，加快南沙坦头天然红树林的生态修复。

三、提升城市生态质量

以北部森林、中部园林绿地、南部滨海防护林，以及珠江水系为生态骨架，通过绿道、生态景观林带、绿色生态水网等生态廊道，将山、水、林、田、湖等生态空间连成一体，增强城市组团之间生态的互融互通，打造枢纽型网络城市的高品质生态空间。

加快推进生态廊道建设实施，优先在高强度建设地区、人口活动密集地区、污染严重地区建设生态廊道，明确生态廊道建设管控内容，对涉及生态廊道的开发建设项目，要与生态廊道同部署、同规划、同设计、同建设。加强城市组团之间的生态廊道建设，发挥自然河涌水系、绿地等对城市组团的生态隔离及生态渗透作用，构建组团式、生态网络型的城市空间结构。

巩固以北部、东北部森林以及南部沿海防护林为骨干的城市生态屏障体系，加强珠江口红树林保护与恢复，加强城市生态基底保护。保护城市自然水系特征，加强水系生态廊道的修复和连通，提升城市水生态系统功能。加强“一江两岸三带”滨水生态空间的保护与利用。推进岸线生态修复工作，增加滨水绿色开敞空间，全面增加建成区生态生活岸线比例。品质化、精细化建设珠江沿岸景观绿化，打造共享性、特色性、生态性、连续性魅力景观岸线，建设精品珠江，建成生态健康、绿水相依、通江达海、人水和谐的绿色生态水网。

将生态公园、城市公园中具有核心生态价值的地区划定为永久保护绿地，实行刚性严格保护，遏制城市开发建设对永久保护绿地的侵占。在绿地的设计和建设中，融入海绵城市理念，提高绿地的综合生态功能。以珠江沿岸绿化景观带、特色道路景观、城市出入口门户景观、花城花景，立体绿化提升广州岭南园林景观体系。对珠江沿岸核心段绿化景观进行建设和改造，依托城市主干道，充分利用本地植物物种，优化、改造植物景观。在城市不同的地段，带状或大片状种植开花乔木，强化和增加天桥绿化的簕杜鹃景观。依托生态廊道规划建设统筹城乡生态景观资源，加强建设城市公园，提升城市绿化水平。

四、保护生物多样性

保护生物栖息环境和生态系统多样性，维护生态平衡。建立生物多样性调查、监测评估与预警体系，制订实施生物多样性保护行动计划，对重要生态系统和物种资源实施强制性保护，保护珍稀濒危野生动植物及其栖息地、古树名木、滩涂红树林和鸟类、生物物种资源等。进一步优化自然保护区结构和空间布局，加强对陈禾洞自然保护区、海鸥岛湿地公园、南沙湿地公园等区域的自然生态保护。建设广州市生物多样性保护中心，完善野生动物救护繁育中心、水生野生动物救护基地等工程建设，保护陆生野生动植物，拯救极小物种和极度濒危物种。加强保护水生动植物，推进河流、湖泊、海洋水生生物资源养护及珍稀濒危物种救护，加强水产种质资源保护区建设和管理。健全生物入侵防范机制，有效防范物种资源丧失和外来物种入侵，加强林业有害生物防治体系建设。

第四节 优化生态承载构成

以环境资源承载力为基础，优化产业布局，合理引导产业发展和布局调整，强化环境保护对区域发展空间格局的调控作用。

一、北部生态屏障区

该区域生态承载力较强，资源环境整体不超载，但由于生态功能高，空气和水环境质量目标要求高，基本无剩余环境容量可用。实施保护为主、谨慎开发的调控策略，重点发展生态旅游、文化、高新技术研发制造等低污染产业。

严格执行生态保护红线和生态环境管控区的管制要求，加强从化、花都北部、白云区北部、增城区生态带保护与建设，严防白云区北部、增城区过度开发影响城市由北向南生态过渡区安全，保护和提升生态功能。

二、中部城市环境维护区

该区域环境资源极度紧缺，资源环境承载力严重超载。实施治污减排、优化开发的调控策略，重点发展现代商贸、金融保险、文化创意、医疗健康、商务与科技信息和总部经济等现代服务业，改善人口产业过度集聚状况。

加强“云山珠水”自然生态体系保护，强化珠江水道和城市内河水生态、水环境、水景观保护。建立完善的雨污水收集处理系统，进一步提高污水收集率，提高污水处理厂排放标准，建设生活污水三级深度处理系统，强化治理内河河涌污染，大幅削减生活污染负荷，建设亲水空间。

三、南部生态调节区

该区域生态承载力相对较强，资源环境承载力相对平衡，生态敏感，但由于地处流域下游，发展对生态的影响相对较小。实施保育生态、重点开发策略，承接中心城区人口和产业疏散。突出自贸区高端定位，大力发展航运物流、特色金融、国际贸易、高端制造等产业，限制废气排放量大的电力、热力、冶炼等项目。

发挥滨海资源优势，维护高品质滨海生态旅游岸线，实施近岸海域氮超标治理，严格管控海鸥岛、南沙湿地，保障河口海岸交汇区生态安全。严格保护存量耕地资源，将农田景观作为重要的自然生态景观和环境文化景观予以保护，发展高效生态农业。

第五节 强化生态环境监管

一、完善生态保护监管制度

推进生态保护红线、自然保护地等重要生态功能区域的生态监管，强化“绿盾”自然保护区常态化监督检查制度。落实中央生态环境保护督察制度，完善生态监督执法，强化多部门协同联动执法。强化行政执法与刑事司法衔接机制，建立健全生态环境部门、公安机关、检察机关、审判机关联席会议制度，完善信息共享、案情通报、证据衔接、案件移送等机制，严格落实生态环境损害赔偿制度。健全基层治理体系，推动生态保护监管重心向基层下移，加强队伍建设，构建网格化管理、信息化支撑、开放共享的基层管理平台，打通生态保护“最后一公里”。根据国家、省、市要求，完善生态保护修复成效评估考核制度。探索第三方辅助执法机制，通过政府公共采购委托第三方，加强遥感监测、大数据分析等技术手段运用。完善举报奖励机制，将群众举报以及信访信息作为发现生态破坏违法问题的重要途径。

二、构建生态调查监测体系

推进生态监测工作规范化和网络化，依托省和市相关部门、科研院所、有专业能力的单位等各方力量，配合国家、省、市规划，构建“天空地一体化”生态监测网络体系。优先在生态保护红线区、自然保护地等重要生态空间，建设生态质量监测综合站和监测样地样带，实现生态系统格局、生物多样性等多维度协同监测。建立生态系统预警技术体系和应急响应机制，实现长期、动态监控。

三、开展生态状况调查评估

统筹开展生态状况监测，以掌握生态系统数量、质量、结构和服务功能的时空格局及其变化趋势为目的，涵盖森林、草原、湿地、荒漠、水体、农田、城乡等全部典型生态系统。组织实施森林资源、湿地资源调查监测评价制度。开展全市生物多样性本底综合调查，建立物种本底资源编目数据库，建设生物多样性信息管理系统。定期组织或者委托有关科学研究机构对陆生野生动物及其栖息地、国家和地方重点保护野生植物资源状况进行调查、监测和评估。统筹流域与区域、水域与陆域、生物与生境，组织开展流溪河、增江等重点流域水系、重要水体的水生生物调查和水生态监测，逐步实现水质监测向水生态监测转变。

四、建立信息系统和共享平台

完善生物多样性信息数据共享机制，建立和完善动物、植物物种数据库以及生物遗传资源数据库和信息系统，制订部门间统一协调的生物多样性数据管理计划，构建生物多样性信息共享体系。建立森林、湿地资源数据库，并实现共享应用。

参考文献

[1] David V，David J S. 1993. Morphogenetie Aetion of Neuro trans mitter son Regenerating Planarians-A Review. Biomedical and Environmental Sciences，（4）：327-347.

[2] Ferguson B K. 1994. The concept of landscape health. Journal of Environmental Management，40（2）：129-137.

[3] Ladson A R，White L J，Doolan J A，et al. 1999. Development and testing of an index of stream condition for waterway management in Australia. Freshwater Biology，41（2）：453-468.

[4] Ludwig D，Hilborn R，Walters C. 1993. Uncertainty，resource exploitation，and conservation：lessons from history. Science，260（5104）：17-36.

[5] Morris P，Therivel R. 1995. Methods of Environmental Impact Assessment. Vancouver，Canada，University of British Columbia.

[6] 毕军平，罗岳平，易敏，等. 2014. 湖南省重点生态功能区县域生态环境质量考核探索. 环境保护，42（12）：31-33.

[7] 陈乐天，王开运，邹春静，等. 2009. 上海市崇明岛区生态承载力的空间分异. 生态学杂志，28（4）：734-739.

[8] 陈勇. 基于生态安全的珠三角城镇群生态空间格局. 2005. 城市规划年会论文集：生态研究，1387-1391.

[9] 陈雨艳，杨坪. 2015. 区域水环境质量综合评价方法的研究. 环境保护科学，41（5）：99-102.

[10] 程启月. 评测指标权重确定的结构熵权法. 2010. 系统工程理论与实践，30（7）：1225-1228.

[11] 崔胜辉，洪华生，等. 2005. 生态安全研究进展. 生态学报，25（4）：861-868.

[12] 戴靓，吴绍华. 2010. 基于TOPSIS的城市生态评价——以江苏省为例. 国土资源科技管理，27(5)：108-114.

[13] 代小，李百岁. 2010. 基于 PSR 模型的包头市生态安全评价分析. 内蒙古师范大学学报（自然科学汉文版）：39（3）：280-290.

[14] 戴晓峰，徐升. 2015. 安徽省国家重点生态功能区县域生态环境质量评价. 生物学杂志，32（6）：109-112.

[15] 董琼. 2009. 高原湖泊杞麓湖流域土地利用变化及生态安全评价. 北京林业大学.

[16] 董巍，刘昕，孙铭，等. 2004. 生态旅游环境承载力评价与功能分区研究——以金华市为例. 复

旦学报（自然科学版）：43（6）：1024-1029.

[17] 杜忠潮，骆华忠. 2009. 基于 P-S-R 模型的城市生态安全评价——西北地区省会城市比较分析. 咸阳师范学院学报，24（2）：68-73.

[18] 樊杰. 2017. 资源环境承载力专题序言. 地理科学进展，36（3）.

[19] 付开，马姣娇，胡梦瑶，等. 2016. 广东省 2000—2012 年生态足迹分析. 生态科学，35（5）：56-64.

[20] 付宁，任学昌，朱文萍，等. 2016. 模糊数学法在兰州市地表水环境质量评价中的应用分析研究. 环境科学与管理，41（12）：168-186.

[21] 付强，李伟业. 2008. 三江平原沼泽湿地生态承载能力综合评价. 生态学报，28（10）：5002-5010.

[22] 盖永芹，李晓兵，张立，等. 2009. 土地利用/覆被变化与植被盖度的遥感监测——以北京市密云县为例. 资源科学，31（3）：523-529.

[23] 高长波，陈新庚，韦朝海，等. 2006. 熵权模糊综合评价法在城市生态安全评价中的应用. 应用生态学报，（10）：1923-1927.

[24] 高吉喜. 2001. 可持续发展理论探索——生态承载力理论、方法与应用. 北京：中国环境科学出版社.

[25] 高香玲，王耕. 2009. 沿海城市生态安全评价及预测研究——以大连市为例. 海洋开发与管理，26（10）：93-101.

[26] 高越，赵秀清，朝格吉胡楞，等. 2017. 基于主成分分析法的赤峰市生态环境质量评价. 内蒙古科技与经济，（14）：58-59，61.

[27] 龚建周. 2009. 快速城市化进程中广州城市生态安全的动态特征. 广州大学学报（自然科学版）：8（1）：75-80.

[28] 龚建周，夏北成. 2006. 广州市 1990—2005 年植被覆盖度的时空变化特征. 生态环境，（6）：1289-1294.

[29] 顾爱军，李想，王浴中，等. 2008. 常州市城市生态环境质量评价研究. 江苏技术师范学院学报（自然科学版）：14（4）：40-44.

[30] 顾康康. 2012. 生态承载力的概念及其研究方法. 生态环境学报，21（2）：389-396.

[31] 广州年鉴汇编委员会. 2019. 广州年鉴. 广州年鉴出版社.

[32] 广州市气象台. 2020. 2019 年广州市气候公报.

[33] 管东生. 1986. 流溪河水库林区四个林分类型的生物量和生产力. 生态科学，（5）：45-52.

[34] 管东生. 1989. 流溪河水库林区森林生态系统养分的研究·热带亚热带森林生态系统研究·第五集，科学出版社.

[35] 国家环境保护总局. 2002. 生态功能区划技术暂行规程. 北京：国家环境保护总局.

[36] 国家林业局. 2008. 国家湿地公园评估标准. 北京：国家林业局.

[37] 国家林业局. 2009. 自然保护区自然生态质量评价技术规程. 北京：国家林业局.

[38] 国家林业局. 2013. 防护林体系生态效益评价规程. 北京：国家林业局.

[39] 国家林业局. 2015. 森林资源资产评估技术规范. 北京：国家林业局.

[40] 国家林业局. 2016. 退耕还林工程生态效益监测与评估规范. 北京：国家林业局.

[41] 国家林业局. 2016. 自然资源（森林）资产评价技术规范. 北京：国家林业局.

[42] 国家林业局. 2017. 湿地生态系统服务评估规范. 北京：国家林业局.

[43] 国家市场监督管理总局，国家标准化管理委员会. 2003. 旅游资源分类、调查与评价. 北京：国家市场监督管理总局.

[44] 国家市场监督管理总局，国家标准化管理委员会. 2011. 重要湿地监测指标体系. 北京：国家市场监督管理总局.

[45] 国家市场监督管理总局，国家标准化管理委员会. 2020. 森林生态系统服务功能评估规范. 北京：国家市场监督管理总局.

[46] 郭建芳，张延安. 2017. 不同区域的城市环境空气质量综合评价指标体系构建. 环境与可持续发展，（6）：107-110.

[47] 国土资源部. 2017. 土地利用现状分类. 北京：国土资源部.

[48] 郭鑫，赵林，刘年磊，等. 2011. 基于 PSR-AHP 的衡水市生态环境质量评价及预测. 环境科技，24（S2）：53-56，59.

[49] 郭秀锐，毛显强. 2000. 中国土地承载力计算方法研究综述. 地球科学进展，15（6）：705-711.

[50] 郭秀锐，毛显强，冉圣宏. 2000. 国内环境承载力研究进展. 中国人口·资源与环境，10（3）：28-30.

[51] 何飞武. 2014. 广东省广州市生态足迹动态研究. 广西大学.

[52] 何孙鹏，甄江红，贺静，等. 2015. 内蒙古生态环境质量评价与预警研究. 阴山学刊（自然科学版）：29（2）：46-51.

[53] 何孙鹏，甄江红，李灵敏，等. 2015. 生态环境质量评价与预警研究——以鄂尔多斯市为例. 湖北民族学院学报（自然科学版）：33（2）：225-229.

[54] 何勇，董文杰，郭晓寅，等. 2007. 1971—2000 年中国陆地植被净初级生产力的模拟. 冰川冻土，（2）：226-232.

[55] 环境保护部. 2011. 区域生物多样性评价标准. 北京：环境保护部.

[56] 环境保护部. 2014. 生态功能分区技术规范（征求意见稿）. 北京：环境保护部.

[57] 环境保护部. 2015. 生态环境状况评价技术规范. 北京：环境保护部.

[58] 环境保护部. 2017. 生态保护红线划定技术指南. 北京：环境保护部.

[59] 环境保护部. 2017. 环境影响评价技术导则——生态影响. 北京：环境保护部.

[60] 黄蓓佳，王少平，杨海真. 2009. 基于 GIS 和 RS 的城市生态环境质量评价. 同济大学学报（自然科学版）：37（6）：805-809.

[61] 黄河东. 2016. 基于 PSR 模型和改进 TOPSIS 法的中国城市群生态质量比较研究. 生态经济，32（6）：164-167，200.

[62] 姜春，钱乐祥，千怀遂. 2010. 2003—2007 年广州市生态足迹动态研究. 环境科学与管理，35（10）：132-136.

[63] 江振蓝，沙晋明，杨武年. 2004. 基于 GIS 的福州市生态环境遥感综合评价模型. 国土资源遥感，（3）：46-48，60.

[64] 邝奕轩，杨芳. 2005. 对我国城市化进程引入生态环境质量评价的思考. 国土与自然资源研究，（2）：54-55.

[65] 李苗苗. 2003. 植被覆盖度的遥感估算方法研究. 中国科学院研究生院（遥感应用研究所）.

[66] 李博，宋亚楠，杨冰冰，等. 2009. 沈阳市生态环境质量评价研究. 沈阳师范大学学报（自然科学版）：27（3）：373-377.

[67] 李芳洁. 2011. 广州市白云山风景名胜区旅游资源评价与可持续发展研究. 华南理工大学.

[68] 李锦业，吴炳方，周月敏，等. 2009. 三峡库区植被生物量遥感估算方法研究. 遥感技术与应用，24（6）：710，784-787.

[69] 李铁松，左云霞. 2011. 城市生态环境质量评价——以南充市为例. 新疆环境保护，33（3）：45-49.

[70] 林媚珍，许阳萍，谢鸿宇，等. 2010. 基于 PSR-AHP 方法的中山市生态安全评价. 华南师范大学学报（自然科学版）：（4）：107-111.

[71] 林铎，潘文斌. 2014. 莆田市城区生态环境评价研究. 环境科学与管理，39（9）：179-183.

[72] 刘超群，彭晓春，刘桢敏，等. 2013. 广州市水土流失特征分析. 人民珠江，34（2）：23-27.

[73] 刘红，王慧，张兴卫. 2006. 生态安全评价研究述评. 生态学杂志，25（1）：74-78.

[74] 刘纪远，徐新良，庄大方，等. 2005. 20 世纪 90 年代 LUCC 过程对中国农田光温生产潜力的影响——基于气候观测与遥感土地利用动态观测数据. 地球科学，35（6）：483-492.

[75] 刘建. 2016. 基于多源数据的重庆市生态系统质量评价研究. 重庆师范大学.

[76] 刘晓娜，郑昭佩，李冉冉. 2011. 济宁市生态安全评价研究. 交流研讨——科技经济市场，（5）：100-102.

[77] 陆大道. 2015. 中速增长：中国经济的可持续发展. 地理科学，35（10）：1207-1219.

[78] 卢虹虹，王德耀. 2012. 上海市 2000—2009 年城市化与生态环境发展协调性分析与评价. 复旦学报（自然科学版）：51（3）：363-369.

[79] 罗春，刘辉，戚陆越. 2014. 基于遥感指数的生态变化评估——以常宁市为例. 国土资源遥感，26（4）：145-150.

[80] 罗海江，方修琦，白海玲，等. 2008. 基于 VEGETATION 数据的区域生态系统质量评价之一——指标体系选择. 中国环境监测，（2）：45-49.

[81] 罗海江，方修琦，白海玲，等. 2008. 基于 VEGETATION 数据的区域生态系统质量评价之二——生产能力指数评价. 中国环境监测，（5）：61-64.

[82] 罗海江，汪文鹏，白海玲. 2010. 基于 VEGETATION 数据区域生态系统质量评价之三——服务功

能稳定度指数评价. 中国环境监测，26（2）：37-41.

[83] 吕贻峰，李江风，周伟，等. 1999. 阳新县矿产资源现状优势评价及资源承载力分析. 长江流域资源与环境，8（4）：386-390.

[84] 马木合·曼散，孜比布拉·司马义. 2015. 昌吉州生态环境质量评价研究. 安徽农业科学，43（10）：239-242.

[85] 蒙吉军. 2011a. 土地评价与管理（第 2 版）. 北京：科学出版社.

[86] 蒙吉军. 2011b. 综合自然地理学（第 2 版）. 北京：北京大学出版社.

[87] 孟岩，赵庚星，程晋南，等. 2008. 基于 MODIS 遥感数据和 GIS 的山东省生态环境状况评价. 中国生态农业学报，（4）：1020-1024.

[88] 牛红亚，荣竞平，孟志强. 2007. 基于灰色系统理论的室内空气环境评价. 能源与环境，（3）：13-14.

[89] 彭天杰. 1990. 复合生态系统的理论与实践. 环境科学丛刊，（3）：1-98.

[90] 覃志豪，李文娟，徐斌，等. 2004. 陆地卫星 TM6 波段范围内地表比辐射率的估计. 国土资源遥感，（3）：28-32，36-41，74.

[91] 曲格平. 2002. 关注生态安全之一：生态环境问题已经成为国家安全的热门话题. 环境保护.

[92] 全国土壤普查办公室. 1995. 1：100 万中华人民共和国土壤图. 西安地图出版社.

[93] 沈德才，杨燕琼，吴振彪，等. 2014. 基于 Landsat 8 的东莞市热岛效应研究. 广东林业科技，30（6）：20-24.

[94] 宋静，王会肖，王飞. 2013. 生态环境质量评价研究进展及方法评述. 环境科学与技术，36（12M）.

[95] 水利部. 2007. 土壤侵蚀分类分级标准. 北京：水利部.

[96] 水利部. 2009. 生态风险评价导则. 北京：水利部.

[97] 宋挺，黄君，严飞，等. 2014. 基于 Landsat ETM+等影像的无锡市十年陆地生态环境遥感评价. 环境监测管理与技术，26（5）：28-32.

[98] 孙东琪，张京祥，朱传耿，等. 2012. 中国生态环境质量变化态势及其空间分异分析. 地理学报，67（12）：1599-1610.

[99] 孙环，王丽敏，朱嘉伟. 2015. 基于生态足迹的河南省生态承载力评价. 农学学报，5（4）：58-63.

[100] 孙家柄. 2009. 遥感原理与应用. 武汉：武汉大学出版社.

[101] 谈迎新，於忠祥. 2012. 基于 DSR 模型的淮河流域生态安全评价研究. 安徽农业大学学报（社会科学版）：21（5）：35-39.

[102] 陶晓燕，朱九龙，王世军. 2010. 基于属性识别理论的城市生态安全评价——以广州市为例. 生态环境学报，19（9）：2048-2053.

[103] 田万慧. 2016. 甘肃省生态安全评价研究. 对策研究，88-92.

[104] 汪慧玲，朱霞. 2016. 我国生态安全影响因素的实证研究. 干旱区资源与环境，30（6）：1-5.

[105] 王静，周伟奇，许开鹏，等. 2017. 京津冀地区的生态质量定量评价. 应用生态学报，28（8）：

2667-2676.

[106] 王俊祺，潘文斌. 2014. 生态环境变化遥感评价指数的应用研究——以敖江流域为例. 环境科学与管理，39（12）：186-190.

[107] 王瑞江. 2010. 广州陆生野生植物资源. 广东科技出版社.

[108] 王瑞江，胡慧建. 2012. 广州野生动植物多样性专题研究. 广东科技出版社.

[109] 王书华，毛汉英. 2001. 土地综合承载力指标体系设计及评价：中国东部沿海地区案例研究. 自然资源学报，16（3）：248-254.

[110] 王三. 2010. 重庆市“一小时经济圈”生态安全评价研究. 西南大学.

[111] 王雯，曹艳婕，鲁子豫. 2014. 青海省国家重点生态功能区县域生态环境质量考核措施及建议. 环境保护，42（12）：28-30.

[112] 王禹曦，王瑜，姚小英. 2015. 广东省 2010 年生态足迹和生态承载力研究. 中国农学通报，31（4）：245-249.

[113] 翁中银，李维庆，李永鑫. 2015. 成都市生态环境质量评价. 地理空间信息，13（4）：11-13.

[114] 吴阿娜，汤琳，汪琴，等. 2011. 上海城市生态环境质量综合评价. 环境监测管理与技术，23（S1）：53-56.

[115] 吴治花. 2009. 辽宁省城市生态系统健康评价. 辽宁师范大学.

[116] 吴治花. 2009. 张家口市生态环境质量评价. 环境卫生工程，17（1）：50-52.

[117] 夏军，王中根，左其亭. 2004. 生态环境承载力的一种量化方法研究——以海河流域为例. 自然资源学报，19（6）：786-794.

[118] 向芸芸，蒙吉军. 2012. 生态承载力研究和应用进展. 生态学杂志，31（11）：2958-2965.

[119] 肖笃宁，陈文波，郭福良. 2002. 论生态安全的基本概念和研究内容. 应用生态学报，13（3）：354-358.

[120] 谢永强. 2009. 基于“3S”技术的松华坝水源保护区生态环境质量评价. 西南林学院.

[121] 徐涵秋. 2012. 遥感监测地表裸露度动态变化及其热环境效应. 农业工程学报，28（23）：98-106，296.

[122] 徐涵秋. 2013. 区域生态环境变化的遥感评价指数. 中国环境科学，33（5）：889-897.

[123] 徐涵秋. 2013. 城市遥感生态指数的创建及其应用. 生态学报，33（24）：7853-7862.

[124] 徐涵秋，张好. 2015. 海岛型城市扩展的生态效应分析——以厦门岛为例. 地理科学，35（7）：867-872.

[125] 徐永明. 2014. 内蒙古自治区国家重点生态功能区县域生态环境质量考核工作现状与存在问题. 环境与发展，26（Z1）：9-11.

[126] 杨晓艳，鲁红英. 2014. 基于模糊综合评判的城市环境空气质量评价. 中国人口•资源与环境，24（5）：143-146.

[127] 杨志峰，隋欣. 2005. 基于生态系统健康的生态承载力评价. 环境科学学报，25（5）：586-594.
[128] 姚治君，王建华，江东，等. 2002. 区域水资源承载力的研究进展及其理论探析. 水科学进展，13（1）：111-115.
[129] 叶华谷，徐正春，吴敏，等. 2013. 广州风水林. 武汉：华中科技大学出版社.
[130] 由畅，周永斌，于丽芬. 2006. 景观破碎化数量分析方法概述. 中国农学通报，（5）：146-151.
[131] 曾乐春，李小玲. 2011. 土地资源生态安全评价及分析——以广州市为例. 国土与自然资源研究，（4）：56-59.
[132] 张春桂，李计英. 2010. 基于“3S”技术的区域生态环境质量监测研究. 自然资源学报，25（12）：2060-2071.
[133] 张林波. 2009. 城市生态承载力理论与方法研究——以深圳市为例. 北京：中国环境科学出版社.
[134] 张秋劲，杨琳，廖翀，等. 2014. 四川省国家重点生态功能区县域生态环境质量考核环境监测管理初探. 四川环境，33（6）：23-26.
[135] 张琳姗，肖礼晓. 2017. 基于“3S”的德阳市生态环境质量评价. 中小企业管理与科技（上旬刊）：（3）：146-147，174.
[136] 张万顺，齐迪，幸娅，等. 2011. 区域水生态承载力的量化研究与应用. 武汉大学学报（工学版）：44（5）：560-564.
[137] 张星星，曾辉. 2017. 珠江三角洲城市群三维生态足迹动态变化及驱动力分析. 环境科学学报，37（2）：771-778.
[138] 钟义，程欢，彭晓春，等. 2012. 珠三角城市群生态足迹分析. 安徽农业科学，40（27）：13522-13525.
[139] 周静，管卫华. 2012. 基于生态足迹方法的南京可持续发展研究. 生态学报，32（20）：6471-6480.
[140] 朱丽华，徐锋. 2009. 深圳市生态安全评价. 公共安全，（14）：40-43.
[141] 朱一中，夏军，谈戈. 2003. 西北地区水资源承载力分析预测与评价. 资源科学，25（4）：43-48.
[142] 朱志刚，林学闾. 2001. 数字图像处理. 北京：电子工业出版社.